数控车工项目实训

SHUKONG CHEGONG XIANGMU SHIXUN

金忠 主编

江苏大学出版社
JIANGSU UNIVERSITY PRESS

镇 江

图书在版编目(CIP)数据

数控车工项目实训/金忠主编. —镇江：江苏大学出版社,2014.6

ISBN 978-7-81130-720-7

Ⅰ.①数… Ⅱ.①金… Ⅲ.①数控机床－车床－车削－高等职业教育－教材 Ⅳ.①TG519.1

中国版本图书馆 CIP 数据核字(2014)第 111605 号

数控车工项目实训

主　　编/金　忠

责任编辑/吴昌兴　郑晨晖

出版发行/江苏大学出版社

地　　址/江苏省镇江市梦溪园巷 30 号(邮编：212003)

电　　话/0511-84446464(传真)

网　　址/http：∥press.ujs.edu.cn

排　　版/镇江文苑制版印刷有限责任公司

印　　刷/句容市排印厂

经　　销/江苏省新华书店

开　　本/787 mm×1 092 mm　1/16

印　　张/12.25

字　　数/290 千字

版　　次/2014 年 6 月第 1 版　2014 年 6 月第 1 次印刷

书　　号/ISBN 978-7-81130-720-7

定　　价/26.00 元

如有印装质量问题请与本社营销部联系(电话:0511-84440882)

前　　言

本书是江苏省交通高级技工学校建设"国家中等职业教育改革发展示范学校"项目的规划教材,全书以国家职业标准《数控车工》(中级)规定的理论知识和技能要求为教学目标,以企业岗位的综合素质要求为培养导向,采用项目引领、任务驱动的方式编写而成。

本书的编写有以下几个特点。

1. 定位准确。

本书以国家职业标准《数控车工》(中级)规定的理论知识和技能要求为教学目标,按照《数控车工》(中级)要求的理论知识点和技能训练点设计教学项目。教学项目按照"理论够用、技能实用"的原则对理论知识进行阐述,并安排技能训练。

2. 理念先进。

本书以企业岗位需求的综合素质要求为培养导向,每个实例的加工流程均按生产车间常见的工艺卡片的形式编写,让学生在学习的同时体验企业生产过程,缩短了教学与生产之间的距离;在检测环节,改变了教师评价学生的单一评价模式,增加了学生自评环节以提高学生的自主意识。

3. 模式新颖。

本书以项目引领、任务驱动为编写方式,每个教学项目开宗明义地点明该项目的教学要求,并用三到四个任务加以展开,用"知识链接"对知识与技能进行适度的补充与拓展。每个任务紧紧围绕实践操作,并穿插"必需、够用"的理论知识。另外本书在表达形式上运用了大量的图例语言,对实践操作过程进行"傻瓜式"的描述,使学生易读易懂。

4. 风格清新。

书中增设了"小提示"、"想一想"、"加油站"等小栏目,用通俗易懂的文字对一些操作的技巧与可能存在的问题进行"小提示",对需要思考的问题让同学们"想一想",需要补充与拓宽的相关内容用"加油站"进行补充,让学生对相对枯燥的学习产生兴趣。

5. 编排独特。

本书大量的表格采用"留白"的方式进行编排,让学生根据自己掌握知识的程度,在教师的指导下进行填充,以期充分调动学生学习的主观能动性。

本书由江苏省交通高级技工学校金忠老师主编,许鹏辉和李益平老师参编,具体分工如下:李益平老师编写项目一;许鹏辉老师编写项目二、项目三;金忠老师编写项目四并统稿。

本书编写过程中获得了中船动力有限公司、镇江液压股份有限公司等企业技术人员的大力支持,在此一并表示感谢。

由于笔者水平有限,加之为了将理论尽可能地穿插在实践教学中,可能存在挂一漏万的现象,恳请读者批评指正。

本教材既可以作为中高职机电类学校的数控车床操作的培训教材,也可以供从事数控车床操作相关人员参考。

Contents

目　录

项目一

数控车床的简单操作

1

本项目围绕图 1-1 所示单球手柄的加工,通过 6 个任务,讲解数控车床车削零件的全过程。该过程包括启动数控车床、回参考点操作、程序的输入与调试、零件与刀具的安装、对刀操作、零件的车削加工与检测、车床的保养、关闭数控车床等步骤。

◎ **知识目标**：了解数控车床形式、结构、加工范围、常用刀具；
　　　　　　熟悉数控车床安全操作规范、常规保养要求；
　　　　　　了解机床坐标系与编程坐标系的关系；
　　　　　　熟悉数控程序结构。

◎ **技能目标**：熟悉数控车床常规保养操作；
　　　　　　熟悉数控车削加工的全过程。

◎ **素养目标**：树立正确的安全意识；
　　　　　　养成良好的机床保养、环境保洁习惯。

技术要求

1. 毛坯尺寸：$\phi 35 \times 75$；
2. 未注倒角：$C2$；
3. 锐角倒钝；
4. 未注公差按 GB/T 1804-m 加工；
5. 不允许使用锉刀、砂布修光。

	日期					
制图						
审核			比例	1:1	材料	45#
标准			数量	1		

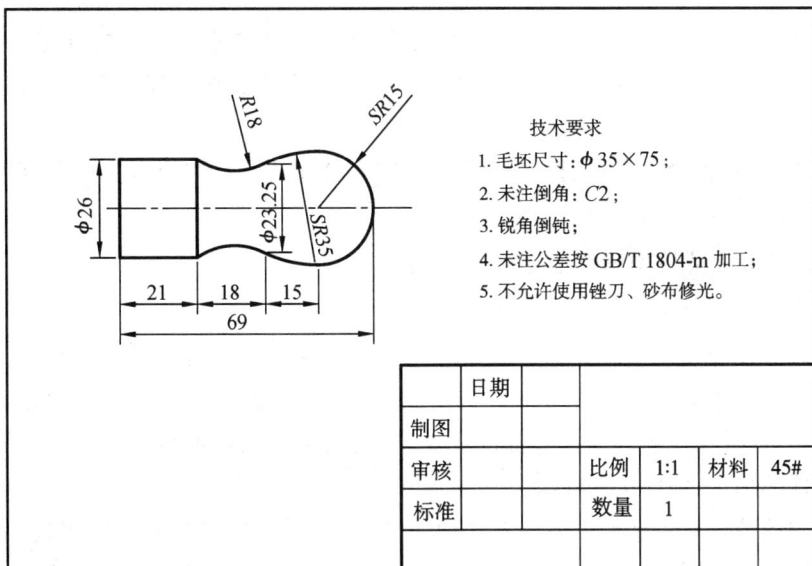

图 1-1　单球手柄

任务一　数控车床与刀具

任务描述

该任务引导学生了解数控车床的形式与典型结构,熟悉数控车床的加工范围与常用刀具。

学习目标

1. 了解数控车床的发展过程。
2. 了解数控车床的形式与组成部分。
3. 熟悉数控车床的型号、加工范围与常用刀具。

知识讲解

1. 数控车床发展简史

数控车床就是采用数控系统进行控制的机床,通过控制车床坐标轴的电动机来控制车床运动部件的动作顺序、移动量和进给速度以及主轴的转速和转向,加工出各种不同形状的零件。

自从 20 世纪 50 年代世界上第一台数控车床问世,至今已经历了电子管、晶体管、小规模集成电路、小型计算机和中小规模集成电路、微处理器和大规模集成电路、个人 PC 机等六代的发展历程。

近年来,随着社会的发展、科技的进步、加工水平的提高,数控车床向着高速化、高精度化、复合化、智能化、柔性化的方向发展。

2. 数控车床的分类与组成部分

(1) 数控车床的分类

数控车床按功能水平可分为经济型数控车床、普通型数控车床和车削中心。

经济型数控车床一般由单片机进行控制,机械部分是在普通车床的基础上改进的。它成本较低,但自动化程度和功能都比较差,车削加工精度也不高,适用于要求不高的回转体类零件的加工,如图 1-2 所示。

普通型数控车床根据加工要求在结构上进行了专门设计,并配合通用数控系统。数控系统功能强,自动化程度和加工精度也比较高,并能同时控制两个坐标轴的运动,适用于一般要求的回转体类零件的加工,如图 1-3 所示。

车削中心以车床为基本体,并在此基础上增加了钻、铣、镗的部分功能,可在同一台车床上完成多道工序的加工,提高加工精度,适用于精度要求高的带有径向加工要求的回转体类零件的加工,如图1-4所示。

数控车床按主轴位置可分为卧式数控车床和立式数控车床。

卧式数控车床其主轴平行于水平面,一般采用三爪卡盘装夹工件。这类车床主要用于加工轴向尺寸大、径向尺寸相对较小的小型复杂零件。图1-2、图1-3、图1-4所示为卧式数控车床。

立式数控车床其主轴垂直于水平面,用一个大型的圆形工作台装夹工件。这类车床主要用于加工径向尺寸大、轴向尺寸相对较小的小型复杂零件,如图1-5所示。

数控车床按刀架位置可分为前置刀架数控车床和后置刀架数控车床。

前置刀架数控车床其刀架在主轴的前面,与传统卧式车床刀架的布置形式一样,导轨为水平导轨,使用四(六)工位电动刀架。图1-2、图1-3所示为前置刀架数控车床。

后置刀架数控车床其刀架在主轴的后面,刀架的导轨(一般)倾斜于水平面,便于观察刀具的切削过程,容易排除切屑,后置空间大,可设计更多工位。一般多功能数控车床(车削中心)都设计为后置刀架。图1-4所示为配置后置刀架的车削中心。

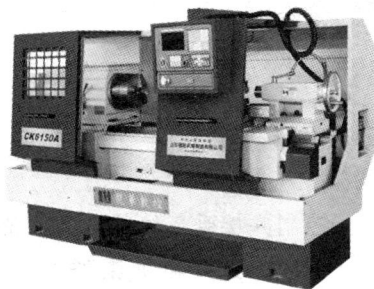

图1-2 经济型数控车床　　　　　图1-3 普通型数控车床

图1-4 车削中心　　　　　图1-5 立式数控车床

（2）数控车床的组成部分

数控车床一般由输入/输出装置、数控装置、伺服系统、车床本体等部分组成。

① 输入/输出装置。

数控车床与外部信号的传输是通过通用的 RS-232 串行通信接口、USB 接口或者系统自带的字母数字键盘（见图 1-6）等方式进行的。

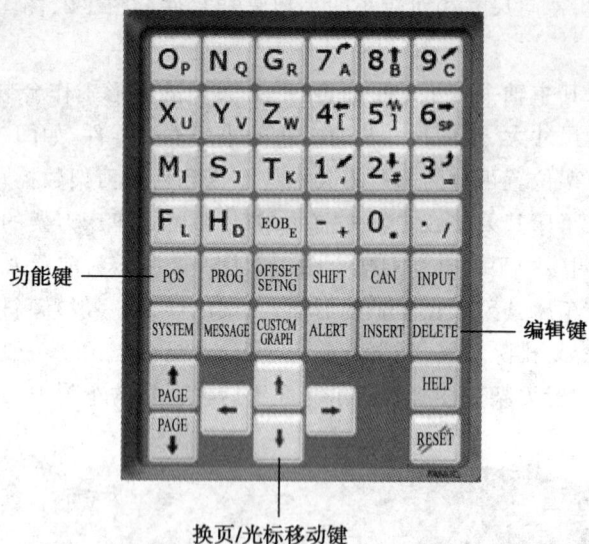

图 1-6   系统自带的字母数字键盘

② 数控装置。

数控车床的数控装置是提供给操作者对车床进行控制并接受反馈信息的设备，由系统控制面板（包括 CRT 显示器和字母数字键盘）（见图 1-7）和机床控制面板（见图 1-8）组成。

图 1-7   系统控制面板

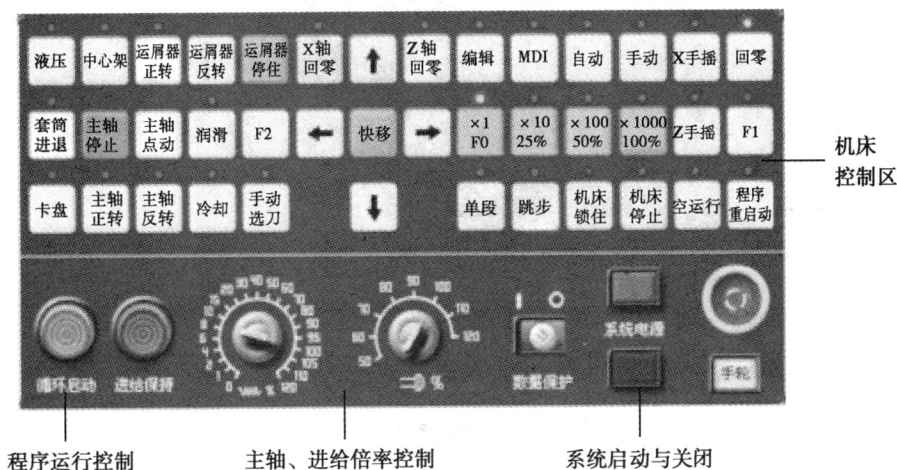

液压	中心架	运屑器正转	运屑器反转	运屑器停住	X轴回零	↑	Z轴回零	编辑	MDI	自动	手动	X手摇	回零
套筒进退	主轴停止	主轴点动	润滑	F2	←	快移	→	×1 F0	×10 25%	×100 50%	×1000 100%	Z手摇	F1
卡盘	主轴正转	主轴反转	冷却	手动选刀	↓			单段	跳步	机床锁住	机床停止	空运行	程序重启动

机床控制区

程序运行控制　　　　主轴、进给倍率控制　　　　系统启动与关闭

图 1-8　机床控制面板

③ 伺服系统。

数控车床的伺服系统是接受数控装置的电信号并控制车床本体产生动作的部分,由驱动装置(见图 1-9)和驱动电机(见图 1-10)两部分组成。

图 1-9　驱动装置

图 1-10　驱动电机

④ 车床本体。

数控车床的车床本体是对工件、刀具进行夹持,运动部件进行支撑,实现制造加工的执行部件。它主要包括主传动系统(见图 1-11)、进给系统(见图 1-12)、基础件(见图 1-13)、辅助装置(见图 1-14)、换刀装置(见图 1-15)等。

主传动系统是用来实现车床主运动的系统。它由传动部件(见图 1-11 a)、主轴(见图 1-11 b)和卡盘(见图 1-11 c)等部分组成,实现从主电机到加工件运动的传递。

(a) 传动部件

(b) 主轴　　　　　　　　　　　　　　　(c) 卡盘

图 1-11　数控车床主传动系统

进给系统由进给电机通过滚珠丝杠带动工作台运动,实现刀具的切削运动。

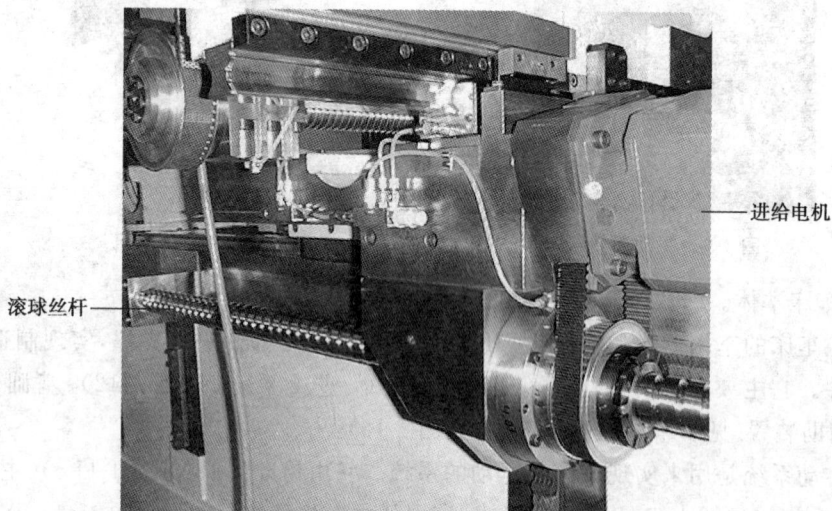

进给电机

滚球丝杆

图 1-12　数控车床进给系统

基础件通常是指床身、底座、立柱、滑座、工作台等,对其他部件进行支撑,并保证它们在加工过程中有相对固定的位置。图 1-13 a 所示为卧式车床的床身,图 1-13 b 所示为立式车床的基础件,图 1-13 c 所示为斜床身车床的基础件。

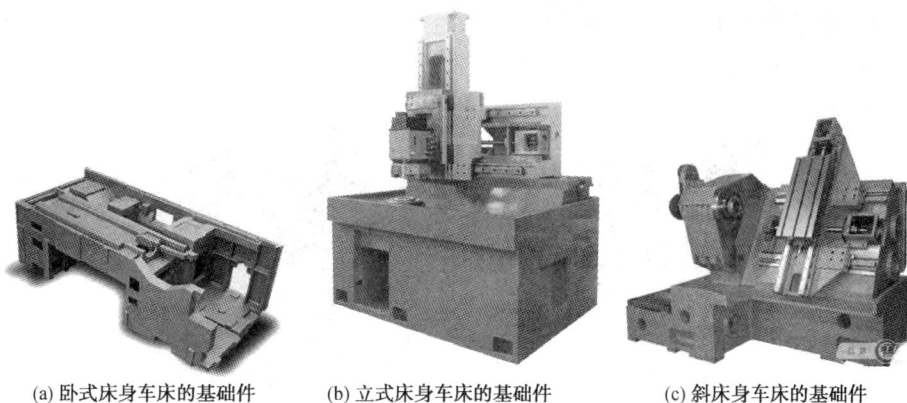

(a) 卧式床身车床的基础件　　　(b) 立式床身车床的基础件　　　(c) 斜床身车床的基础件

图 1-13　数控车床基础件

　　辅助装置是指为数控车床提供液压与气动动力源、部件润滑、冷却和防护等辅助工作的装置。它包括液压装置(见图 1-14 a)、气动装置(见图 1-14 b)、润滑装置(见图 1-14 c)、冷却装置(见图 1-14 c)以及防护装置(见图 1-14 e)和排屑装置(见图 1-14 f)等。

(a) 液压装置

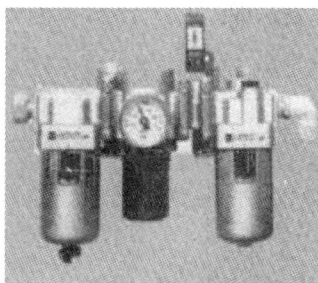

(b) 气动装置

(c) 润滑装置

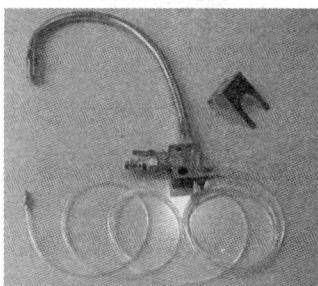

(d) 冷却装置

(e) 防护装置

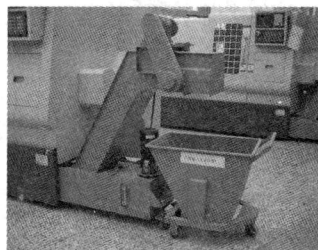

(f) 排屑装置

图 1-14　辅助装置

换刀装置是在加工过程中进行刀具更换的装置。图 1-15 a 所示为四方回转刀架,图 1-15 b 所示为转塔式刀架。

(a) 四方回转刀架　　　　　　　(b) 转塔式刀架

图 1-15　换刀装置

3. 数控车床的型号与加工范围

(1) 数控车床的型号

根据国家标准 GB/T 15375—2008 规定,金属切削机床的型号构成如下:

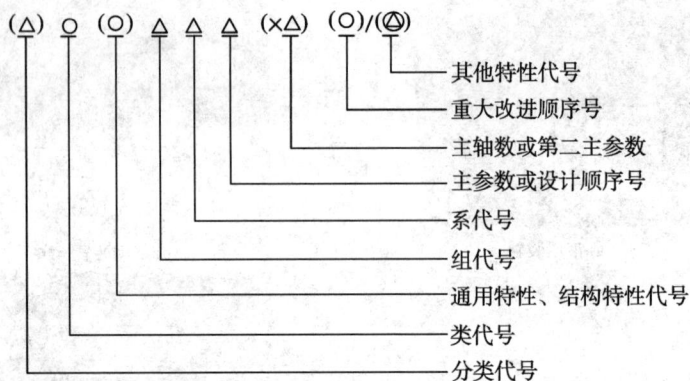

$$(\triangle) \bigcirc (\bigcirc) \triangle \triangle \triangle (\times\triangle) (\bigcirc)/(\oslash)$$

- 其他特性代号
- 重大改进顺序号
- 主轴数或第二主参数
- 主参数或设计顺序号
- 系代号
- 组代号
- 通用特性、结构特性代号
- 类代号
- 分类代号

注:1. 有"( )"的代号或数字,当无内容时,则不表示;若有内容则不带括号。

　　2. 有"○"符号的,为大写的汉语拼音字母。

　　3. 有"△"符号的,为阿拉伯数字。

　　4. 有"⊘"符号的,为大写的汉语拼音字母,或阿拉伯数字,或两者兼有之。

在实际选用过程中,需对类代号、通用特性、结构特性代号以及参数有所了解。

① 类代号。

国家标准规定,机床的类别代号用大写的汉语拼音字母表示(见表 1-1),并按相应的汉字字意读音。

表 1-1　机床的类别代号

类　别	代　号	读　音	类　别	代　号	读　音
车床	C	车	磨床	M	磨
钻床	Z	钻	齿轮加工机床	Y	牙
镗床	T	镗	螺纹加工机床	S	丝
铣床	X	铣	锯床	G	割
刨插床	B	刨	其他机床	Q	其
拉床	L	拉			

② 通用特性、结构特性代号。

这两种特性代号(见表 1-2)用大写的汉语拼音字母表示,位于类代号之后。

表 1-2　通用特性、结构特性代号

通用特性	代　号	读　音	通用特性	代　号	读　音
高精度	G	高	仿型	F	仿
精密	M	密	轻型	Q	轻
自动	Z	自	加重型	C	重
半自动	B	半	柔性加工单元	R	柔
数控	K	控	数显	X	显
加工中心(自动换刀)	H	换	高速	S	速

③ 参数。

机床主参数(见表 1-3)是表示机床规格大小的一种尺寸参数,一般用折算值表示。

表 1-3　机床主参数

机　床	主参数名称	折算值
卧式车床	床身上最大回转直径	1/10
立式车床	最大车削直径	1/100
摇臂钻床	最大钻孔直径	1/1
卧式镗床	镗轴直径	1/10
坐标镗床	工作台面宽度	1/10
外圆磨床	最大磨削直径	1/10
内圆磨床	最大磨削孔径	1/10
矩台平面磨床	工作台面宽度	1/10
齿轮加工机床	最大工件直径	1/10
龙门铣床	工作台面宽度	1/100

续表

机　　床	主参数名称	折　算　值
升降台铣床	工作台面宽度	1/10
龙门刨床	最大刨削宽度	1/100
插床及牛头刨床	最大插削及刨削长度	1/10
拉床	额定拉力	1/1

第二主参数是对主参数的补充,如最大工件长度、最大跨距、工作台工作面长度等。

例如,沈阳机床厂生产的 CAK4085di 机床,其型号含义为：C,车床；A,沈阳机床厂生产；K,数控；40,床身最大回转直径为 400；85,最大车削长度为 850；di,企业改型或其他代号。

（2）加工范围

在上例中,该型号车床可加工零件的最大范围,理论上应为 $\phi 400 \times 850$,即最大加工直径为 $\phi 400$、最大加工长度为 850,但由于刀架、尾座、实际加工对象等的影响,实际加工零件的有效范围是小于加工最大范围的(见图 1-16)。其中,图 1-16 a 所示为实际车削的有效直径范围,图 1-16 b 所示为实际车削的有效长度。

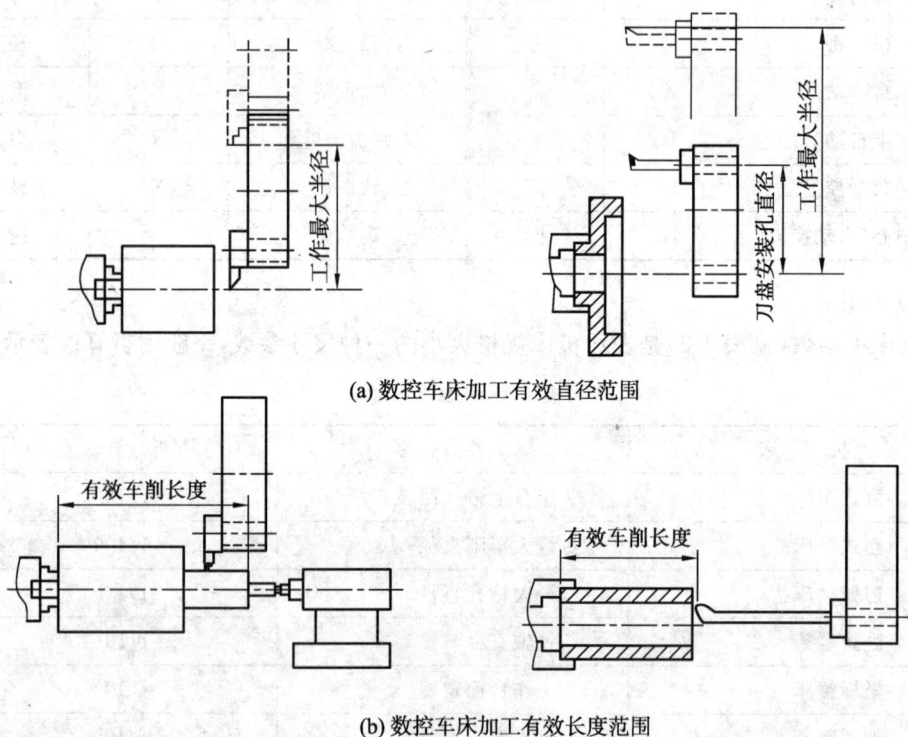

(a) 数控车床加工有效直径范围

(b) 数控车床加工有效长度范围

图 1-16　数控车床加工有效范围

4. 数控车床常用刀具

（1）数控车床用刀具的加工对象

数控车床用刀具与普通车床用刀具的加工对象相似,图 1-17 所示为车削外圆和内孔时的车削情况。

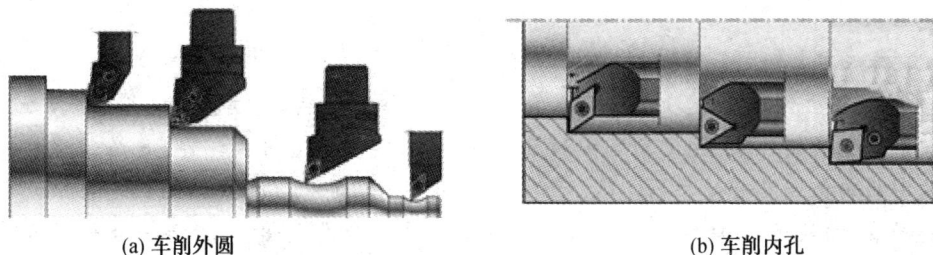

(a) 车削外圆　　　　　　　　　　　　(b) 车削内孔

图 1-17　车削外圆和内孔时的车削情况

（2）数控车床用刀具材料

数控车床用刀具材料除采用常规的高速钢与硬质合金外，为了提高车削精度和应对高硬度材料的车削，经常采用高性能高速钢、粉末冶金高速钢、超细晶粒硬质合金、陶瓷、金刚石、立方氮化硼、化合物涂层等新型材料。

加油站

常用刀具材料的性能如下：

（1）高速钢

普通高速钢：是一种加入较多钨、钼、铬、钒等合金元素的高合金钢，有钨系和钼系两种。热处理后硬度可达 62～66 HRC，抗弯强度约为 3.3 GPa，有较高的热稳定性、耐磨性、耐热性。切削温度在 500～650 ℃时仍能进行切削。适合于制造结构和刃型复杂的刀具，如成形车刀、铣刀、钻头、插齿刀、剃齿刀、螺纹刀具和拉刀等。由于钨价高，热塑性差，碳化物分布不均匀等原因，目前国内外已很少采用。

高性能高速钢：是指在通用型高速钢中增加碳、钒、钴或铝等合金元素，使其常温硬度可达 67～70 HRC，抗氧化能力、耐磨性与热稳定性进一步提高。可以用于加工不锈钢、高温合金、耐热钢和高强度钢等难加工材料。

粉末冶金高速钢：是用高压氩气或纯氮气雾化熔融的高速钢钢水而得到细小的高速钢粉末，然后再热压锻轧制成。适用于制造精密刀具、大尺寸（滚刀、插齿刀）刀具、复杂成形刀具、拉刀等。

（2）硬质合金

普通硬质合金：是由高硬度和高熔点的金属碳化物（碳化钨 WC、碳化钛 TiC、碳化钽 TaC、碳化铌 NbC 等）和金属黏结剂（Co，Mo，Ni 等）用粉末冶金工艺制成，有钨钴类、钨钛钴类、钨钛钽（铌）钴类、碳化钛基类。常温硬度为 89～93 HRA，化学稳定性好，热稳定性好，耐磨性好，耐热性达 800～1 000 ℃。允许的切削速度比高速钢刀具高 5～10 倍，但强度、韧度均比高速钢低，工艺性也不如高速钢。常制成各种形式的刀片，焊接或机械夹固在车刀、刨刀、端铣刀等的刀柄（刀体）上使用。

超细晶粒硬质合金：多用于 YG 类合金，它的硬度和耐磨性得到较大提高，抗弯强度和冲击韧度也得到提高,已接近高速钢。适合做小尺寸铣刀、钻头等,并可用于加工高硬度难加工材料。

（3）特殊刀具材料

陶瓷刀具:主要由硬度和熔点都很高的 Al_2O_3,Si_3N_4 等氧化物、氮化物组成,另外还有少量的金属碳化物、氧化物等添加剂,通过粉末冶金工艺方法制粉,再压制烧结而成。常用的陶瓷刀具有两种:Al_2O_3 基陶瓷和 Si_3N_4 基陶瓷。该刀具优点是有很高的硬度和耐磨性,硬度达 91～95 HRA,耐磨性是硬质合金的 5 倍;刀具寿命比硬质合金高;具有很好的热硬性,当切削温度达 760 ℃时,具有 87 HRA（相当于 66 HRC）的硬度,温度达 1 200 ℃时,仍能保持 80 HRA 的硬度;摩擦系数低,切削力比硬质合金小,用该类刀具加工时能提高表面光洁度。缺点是强度和韧性差,热导率低;脆性大,抗冲击性能很差。此类刀具一般用于高速精细加工硬材料。

金刚石刀具:金刚石是碳的同素异构体,具有极高的硬度。现用的金刚石刀具有 3 类:天然金刚石刀具、人造聚晶金刚石刀具、复合聚晶金刚石刀具。该刀具具有如下优点:极高的硬度和耐磨性,人造金刚石硬度达 10 000 HV,耐磨性是硬质合金的 60～80 倍;切削刃锋利,能实现超精密微量加工和镜面加工;很高的导热性。缺点是耐热性差,强度低,脆性大,对振动很敏感。此类刀具主要用于高速条件下精细加工有色金属及其合金和非金属材料。

立方氮化硼刀具:立方氮化硼（CBN）是由六方氮化硼为原料在高温高压下合成。其主要优点是硬度高,硬度仅次于金刚石,热稳定性好,较高的导热性和较小的摩擦系数。缺点是强度和韧性较差,抗弯强度仅为陶瓷刀具的 1/5～1/2。适用于加工高硬度淬火钢、冷硬铸铁和高温合金材料。不宜加工塑性大的钢件和镍基合金,也不适合加工铝合金和铜合金,通常采用负前角的高速切削。

涂层刀具:是在韧性较好的硬质合金基体上或高速钢刀具基体上,涂覆一层耐磨性较高的难熔金属化合物而制成。常用的涂层材料有 TiC,TiN,Al_2O_3 等,涂层可以采用单涂层和复合涂层,如 TiC—TiN,TiC—Al_2O_3,TiC—TiN—Al_2O_3 等。涂层厚度一般在 5～8 μm,它具有比基体高得多的硬度,表层硬度可达 2 500～4 200 HV。该刀具具有高的抗氧化性能和抗黏结性能,因此具有较高的耐磨性。涂层摩擦系数较低,可降低切削时的切削力和切削温度,提高刀具耐用度,高速钢基体涂层刀具耐用度可提高 2～10 倍,硬质合金基体刀具提高 1～3 倍。加工材料硬度愈高,涂层刀具效果愈好。

（3）数控车床用刀具的结构形式

数控车床使用的刀具在形状上和普通车床所使用的刀具大体相似,在结构和选材上必须适应数控车床高速、高效和自动化程度高的特点。因此,数控车床常使用机械夹固式可转位车刀,并对刀头进行涂层处理。

机械夹固式可转位车刀的夹紧方式有杠杆式、螺钉式、螺钉和上压式、楔块式、楔块夹紧式、刚性夹紧等,结构形式见表 1-4。

表 1-4　数控车床用刀具的结构形式

夹紧方式	结构形式
杠杆式：由杠杆、螺钉、刀垫、刀垫销、刀片组成。这种方式依靠螺钉旋紧压靠杠杆，由杠杆的力压紧刀片达到夹固的目的。	
螺钉式：由螺钉、刀片、刀垫螺钉、刀垫组成。这种方式依靠螺钉旋紧压紧刀片达到夹固的目的。	
螺钉和上压式：由刀垫、中心销、刀片、压帽、夹紧螺钉组成。这种方式依靠螺钉旋紧压帽压紧刀片达到夹固的目的。	
楔块式：由螺钉、刀垫、销、楔块、刀片组成。这种方式依靠销与楔块的挤压力将刀片紧固。	

续表

夹紧方式	结构形式
楔块夹紧式：由螺钉、刀垫、销、楔块夹紧组件、刀片组成。这种方式依靠楔块夹紧组件将刀片夹紧。	
刚性夹紧式：由刀垫、刀垫螺钉、刀片、夹紧组件组成。这种方式依靠夹紧组件将刀片夹紧。	

▮▮▮▮ 任务实施

1. 准备工作

任务操作前准备事项见表 1-5。

表 1-5　准备事项

准备事项	准备内容
设备	数控车床
刀具	焊接式车刀、机械夹固式可转位车刀若干

2. 操作步骤

① 在教师指导下了解数控车床的结构形式。
② 在教师指导下了解数控车床的主要部件及功能。
③ 在教师指导下熟悉数控车床常用刀具的样式、结构及加工对象。

任务二　安全操作与维护

任务描述

该任务旨在引导学生了解数控车床的安全操作规范,熟悉数控车床的保养内容,了解常见故障的判断与排除方法,并在教师的指导下完成数控车床的保养工作。

学习目标

1. 了解数控车床的安全操作规范。
2. 了解数控车床的保养要求。
3. 能在教师的指导下进行数控车床的简单保养工作。

知识讲解

1. 数控车床的安全操作与文明生产

（1）数控车床安全规则

数控车床安全操作规程和普通车床相似,但是由于数控车床较普通车床有更多的电器元件,加之数控车床的自动化程度高,所以对安全方面的要求更高,具体规则如下:

① 操作人员必须熟悉机床性能,经过操作技术培训,考试合格后,方能上岗操作。

② 操作人员应遵守普通车工安全操作规程。工作前按规定穿戴好劳动防护用品,扎好袖口,严禁戴围巾、手套或敞开衣服操作机床,过颈长发或女工应戴好工作帽,高速切削时要戴好防护眼镜。

③ 机床接通电源后,禁止触摸控制盘,变压器、电机以及带有高压接线端子的部位或用湿手触摸开关。加工时要关好防护罩门,程序正常运行中不得开启防护罩门。

④ 安装机床要留足够的操作空间,以免工作中发生危险。

⑤ 工作地面应保持洁净干燥,防止水或油污使地面打滑而造成危险,防止铁屑拉伤。

⑥ 床头、刀架、车面不得放置工、量具或其他物品。接近机床的器具应结实牢固,防止物件从台面上滑下伤人。

⑦ 操作中确需两人以上工作时,应协调一致,有主有从,在机床或人员未发出规定信号之前,禁止进行下一步骤的操作。

⑧ 检修设备应切断电源后进行。检修时,应使用适宜的电气元器件,禁止超限使用,以防造成电气火灾。

⑨ 加工程序必须在经过严格校验后方可进行自动操作运行。在加工过程中,一旦出

现异常现象,应立即按下"急停"按钮,以确保人身和设备的安全。

(2) 文明生产

文明生产是通过规范职工安全生产行为,营造浓厚的安全生产氛围,从而有利于安全管理体系的建立和完善,提高企业安全管理的水平和层次,树立良好的企业形象。具体应做到:

① 工作服、鞋、帽等应经常保持整洁。

② 正确使用机床和做好机床设备的维护保养工作,使设备经常处于完好状态。

③ 图样、工艺卡片安放位置应便于阅读,并注意保持清洁和完整。

④ 工具、刃具和量具都要按现代工厂对定置管理的要求,做到分类定置和分格存放。使用时要求做到重的放下面,轻的放上面,不常用的放里面,常用的放在随手可取处。应按工具箱内的定置图示存放,每班工作结束应整理清点一次。

⑤ 粗加工零件应用工位器具存放,使加工面隔开,以防止相互磕碰而损伤表面。精加工表面完工后,应适当涂油以防锈蚀。

加油站

现代企业 6S 管理

6S 即整理、整顿、清扫、清洁、素养、安全。具体为:

整理(SEIRI)——将工作场所的任何物品区分为有必要和没有必要的,除了有必要的留下来,其他的都消除掉。目的:腾出空间,空间活用,防止误用,塑造清爽的工作场所。

整顿(SEITON)——把留下来的必要用的物品依规定位置摆放,并放置整齐加以标识。目的:工作场所一目了然,消除寻找物品的时间;整整齐齐的工作环境,消除过多的积压物品。

清扫(SEISO)——将工作场所内看得见与看不见的地方清扫干净,保持工作场所干净、亮丽的环境。目的:稳定品质,减少工业伤害。

清洁(SEIKETU)——将整理、整顿、清扫进行到底,并且制度化,经常保持环境处在美观的状态。目的:创造明朗现场,维持上面 3S 成果。

素养(SHITSUKE)——每位成员养成良好的习惯,并遵守规则做事,培养积极主动的精神(也称习惯性)。目的:培养有好习惯、遵守规则的员工,营造团队精神。

安全(SECURITY)——重视成员安全教育,每时每刻都有安全第一的观念,防患于未然。目的:建立起安全生产的环境,所有的工作应建立在安全的前提下。

2. 数控车床的维护保养

数控车床的维护与保养具体分为外观保养、主轴部分的保养、润滑部分的保养、尾座部分的保养等,具体的数控车床的维护保养内容和要求见表1-6。

表 1-6 数控车床的维护保养内容和要求

日常保养的内容和要求	定期保养的内容和要求	
	保养部位	内容和要求
1. 外观保养 (1) 擦洗机床表面,操作完成后,所有的加工面抹上机油防锈。 (2) 清除切屑(内、外)。 (3) 检查机床内外有无磕、碰、拉伤现象。 2. 主轴部分 (1) 检查液压夹具运转情况。 (2) 检查主轴运转情况。 3. 润滑部分 (1) 检查各润滑油箱的油量。 (2) 各手动加油点,按规定加油,并旋转滤油器。 4. 尾座部分 (1) 每周一次,移动尾座清理底面、导轨。 (2) 每周一次拿下顶尖清理套筒。 5. 电气部分 (1) 检查三色灯、开关。 (2) 检查操纵板上各部分位置。 6. 其他部分 (1) 液压系统无滴油,发热现象。 (2) 切削液系统工作正常。 (3) 工件排列整齐。 (4) 清理机床周围,达到清洁。 (5) 认真填写好交接班记录及其他记录。	外观部分	清除各部件切屑、油垢,做到无死角,保持内外清洁,无锈蚀、无黄斑。
	液压及切削油箱	(1) 清洗滤油器。 (2) 油管畅通、油窗明亮。 (3) 液压站无油垢、灰尘。 (4) 切削液箱内加 5～10 mL 防腐剂(夏天10 mL,其他季节 5～6 mL)。
	机床本体及清屑器	(1) 卸下刀架尾座的挡屑板并清洗。 (2) 扫清清屑器上的残余铁屑,每 3～6 个月(根据工作量大小)卸下清屑器,清扫机床内部。 (3) 扫清回转装刀架上的全部铁屑。
	润滑部分	(1) 各润滑油管要畅通无阻。 (2) 对各润滑点加油,并检查油箱内有无沉淀物。 (3) 试验自动加油器的可靠性。 (4) 每半年对各运转点至少润滑一次。 (5) 每周检查一下滤油器是否干净,若较脏,必须洗净,最长时间不能超过一个月就要清洗一次。
	电气部分	(1) 对电机碳刷每年要检查一次(维修电工负责),如果不合要求者,应立即更换。 (2) 热交换器每年至少检查清理一次。 (3) 擦拭电器箱内外清洁无油垢、无灰尘。 (4) 各接触点良好,不漏电。 (5) 各开关按钮灵敏可靠。

3. 常见故障的判断方法

(1) 直观法

就是利用人的感官注意发生故障时的现象,判断故障发生的可能部位。

(2) 报警指示灯显示故障

现代数控系统有众多的硬件报警指示灯,它们分布在电源单元、伺服单元等部件上,根据报警指示灯可以判断故障所在的部位。

(3) 利用软件报警功能(自诊断功能)

数控系统(CNC 系统)都有自诊断功能,当系统出现故障时,自诊断功能会进行报警提示,用户可以根据报警号的提示来寻找故障的根源。

(4) 利用状态显示诊断功能

CNC 系统不仅能将故障诊断信息显示在 CRT 上,而且能以"诊断地址"和"诊断数据"的形式提供诊断的各种状态。可以将故障锁定在机床的某一侧,缩小检查范围。

（5）核对数控系统参数

有些 CNC 系统的故障是由于个别参数发生了变化而造成的,可以通过核对、修正参数的方法,将故障排除。

（6）备件置换法

当通过分析认为故障可能出在印刷线路板时,如有备用板进行替换,可迅速找出有故障的线路板,进行替换,减少停机时间。

（7）测量比较法

CNC 系统生产厂在设计制造印刷线路板时,为了调整、维修的便利,在印刷线路板上设计了多个检测用端子,用户可利用这些端子将正常的印刷线路板和出故障的印刷线路板进行测量比较,分析故障的原因及故障的所在位置。

4. 常见故障的排除方法

（1）微电脑故障

微电脑发生故障,轻则报废零件,重则损坏机床甚至发生人身伤害事故。当观察发现其故障时,可以先按"紧停"按钮,当"紧停"按钮失控时,则关闭系统的电源开关,并立即停止机床的主轴运转。

（2）步进电动机故障

步进电动机是数控加工过程中的重要执行元件,其故障多为失步、超荷失动及无力爬行等。

（3）噪声

加工斜线时,由于 X 和 Z 中的两个方向以上的步进电动机都在同时工作,可能会受到低频运行振荡区的影响,有时会发出"嘶嘶"叫声。这时应降低或提高 1～2 个挡级的进给速度以避开低频运行振荡区,直至噪声消除为止。

（4）螺纹加工故障

加工螺纹时,有时会出现曾执行过的螺纹加工程序现在却执行不下去的故障,这时应检查主轴脉冲发生器本身有无故障,并及时加以排除。

对于数控车床加工螺纹时的主轴转速,因受到步进电动机的突跳频率、螺纹加工程序的执行时间及螺距大小的限制,必须做出特殊考虑,当控制步进电动机在车床主轴转速超过允许值时,电动机的运行频率也随着超过系统所限定的带载突跳频率而产生失步现象。

（5）刀位错乱

若在试启动加工时,出现自动回转刀架错位的现象,应先检查换刀程序格式中有无错误。如采用延时换刀时,其延时的时间常数取值过大或过小,均会使刀架所转刀位数不符合预定要求。再配合维修人员检查自动回转刀架和刀架控制器部分有无故障。

在正常加工中,如发生刀位错乱(包括刀架不动、不按规定动、到位不能夹紧或夹紧后无回答信号等),应由电器维修人员负责检查有关的电器元件及电路。

（6）瞬间停电

加工中如遇突然停电,或因正常需要而停电,加工操作的全过程必须从头开始进行。

（7）控制误动作输入

在进行加工信息输入时，由于误动作会输入一些错误信息，这些错误信息对加工可能会造成极大的影响。必须仔细核对，以避免该情况的发生。

（8）尺寸异常

若是由于误动作造成的，排除误动作后即可恢复正常。若是正常加工时出现的需分析原因（机械、电器），则针对不同的对象，采取不同的方法。

任务实施

1. 准备工作

任务操作前的准备事项见表 1-7。

表 1-7　准备事项

准备事项	准备内容
设备	数控车床

2. 操作步骤

（1）在教师指导下对车床外观及周围工作环境进行清洁工作。

（2）在教师指导下了解各润滑油箱的油量，找到手动加油点并进行加油训练。

（3）在教师指导下熟悉车床电器开关位置及操纵板上各部分的位置。

任务三   数控车床的启动与关闭

任务描述

该任务旨在引导学生熟悉数控车床的启动与关闭操作,掌握回参考点的操作方法。

学习目标

1. 熟悉数控车床的启动与关闭操作。
2. 了解数控车床的机床坐标系。
3. 掌握回参考点的操作方法。

知识讲解

1. 数控车床的机床坐标系

机床坐标系是机床上固有的坐标系,并设有固定的坐标原点,就是机床原点。机床坐标系和机床原点是由生产厂家在设计、调试、装配时确定的,在实际使用过程中一般不允许修改。

在数控车床上,机床原点一般在卡盘后端面与主轴中心线的交点处,如图 1-18 所示。

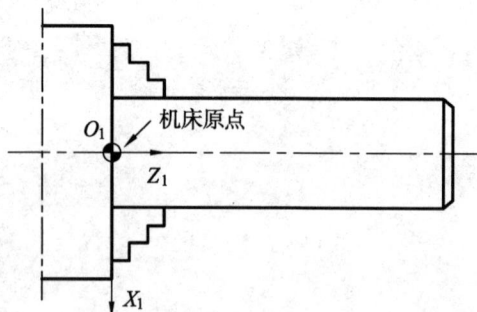

图 1-18   机床坐标系与机床原点

2. 数控车床的机床参考点

机床参考点是用于对机床运动进行检测和控制的固定位置点,如图 1-19 所示。

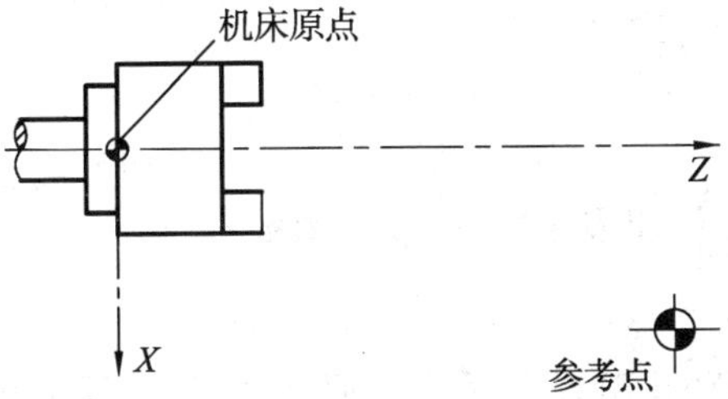

图 1-19 数控车床的机床参考点

机床参考点的位置是由机床制造厂家在每个进给轴上用限位开关精确调整好的,坐标值已输入数控系统中。因此,参考点对机床原点的坐标是一个已知数。

数控车床开机时,必须先确定车床原点,而确定车床原点的方法就是刀架返回参考点的操作,这样通过确认参考点,就确定了车床原点。只有车床参考点被确认后,刀具移动才有基准。操作方法见数控车床的回参考点操作。

▌▌▌▌ 任务实施

1. 准备工作

操作数控车床的准备事项见表 1-8。

表 1-8 操作数控车床的准备事项

准备事项	准备内容
设备	数控车床

2. 操作步骤

(1)数控车床的开机

首先观察数控车床各部分有无异常,包括机床机械部件有无松动、润滑油面高度、电器联结等,若有异常状况先行排除,然后按下列步骤开启机床:

① 打开车床主电源开关 🎛️ 。

② 按车床系统电源开启键 ▣ 。

③ 松开紧急停止 ◉ 。

👁️ 小提示

有些时候,机床液压部分不能正常启动,此时需按下机床面板上的液压启动键  液压 ,才能正常启动。

(2)数控车床的回参考点操作

数控车床开机后,或紧急停止重启后,必须先进行回参考点操作,以恢复机床坐标系。回参考点操作步骤如下:

① 按车床手动倍率键 ×10 25% 或 ×100 50% 。

② 按车床回零键 回零 。

③ 按 +X 方向键 ↓ ，使刀架沿 X 方向回参考点，直至 X 轴回零指示灯 X轴回零 亮，完成 X 方向回参考点操作。

④ 按 +Z 方向键 → ，使刀架沿 Z 方向回参考点，直至 Z 轴回零指示灯 Z轴回零 亮，完成 Z 方向回参考点操作。

> **小提示**
>
> （1）数控车床回参考点的操作，需先回 X 轴，再回 Z 轴，以防刀架电动机碰撞到车床尾座。
>
> （2）数控车床回参考点的操作，是按对应坐标轴的正方向进行的。
>
> 若在回参考点前，刀架已经在参考点外侧，此时进行回参考点操作机床会报警，需先在手动状态或手轮状态让刀架沿 —X 或 —Z 方向运动（参考任务五），直至刀架回到参考点内侧再进行回参考点操作。
>
> （3）机床回参考点操作完成后，需用方向键控制 X 轴和 Z 轴稍做运动，以使刀架离开行程开关。防止长时间压住行程开关，造成失灵。

（3）数控车床的关机

首先观察数控车床是否在正常状态，包括刀架位置、车床及周围的卫生状况、工量器具的摆放、车床的润滑与保养工作等，然后按下列步骤关闭机床：

① 按车床系统电源关闭键 ▢ 。

② 关闭车床主电源开关 ◐ 。

任务四 数控程序的输入与检查

任务描述

该任务旨在引导学生熟悉数控程序的结构,学会数控程序的输入、调试与修改。

学习目标

1. 熟悉数控程序的结构。
2. 学会数控程序的输入与修改。
3. 掌握空运行的操作方法。

知识讲解

1. 数控加工程序与程序结构

加工程序是指用数控语言和按规定格式,描述零件的几何形状和加工工艺的一套指令。加工程序由程序段按顺序号大小排列、组合而成,程序段由一个一个的"字"组成,"字"由地址(用字母表示)与数字组合构成,"字"是加工程序的最基本单元。图 1-20 显示了部分程序段的结构,其中 N,G,X,Z,F,W,S,T 为地址。

N_	G_	X_Z_	F_	S_	T_	M_
顺序号	准备功能	尺寸字	进给功能	主轴速度功能	刀具功能	辅助功能

图 1-20 程序段结构

(1)顺序号

顺序号位于程序段之首,由字母 N 和后续数字组成。后续数字一般为 1～4 位的正整数。数控加工中的顺序号实际上是程序段的名称,与程序执行的先后次序无关。数控系统不是按顺序号的次序来执行程序,而是按照程序段编写时的排列顺序逐段执行的。

顺序号的作用:对程序的校对和检索修改;作为条件转向的目标,即作为转向目标程序段的名称;有顺序号的程序段可以进行复归操作,这是指加工可以从程序的中间开始,或回到程序中断处开始。

一般使用方法:编程时将第一程序段冠以 N10,以后以间隔 10 递增的方法设置顺序号。在调试程序时,如果需要在 N10 和 N20 之间插入程序段,就可以使用 N11 和 N12 等。

（2）准备功能

由字母 G 及其后面两位数字组成，共 100 种。用来规定刀具和工件的相对运动轨迹、机床坐标系、坐标平面、刀具补偿、坐标偏置等多种操作。

（3）尺寸字

由字母 X/Z 和后续数字组成，一般用来给出机床运动部件运动的终点坐标，单位是毫米或者英寸。毫米一般精确到小数点后三位，英寸一般精确到小数点后四位。

（4）进给功能

由字母 F 和后续数字组成，用于指定切削的进给速度。对于车床，F 可分为每分钟进给和主轴每转进给两种。

F 指令在螺纹切削程序段中常用来指令螺纹的导程。

（5）辅助功能

由字母 M 及其后面两位数字组成，共 100 种。它与控制机的插补运算无关，是根据加工时的需要予以规定的。

（6）主轴速度功能

由字母 S 和后续数字组成，用于指定主轴转速，单位为 r/min。对于具有恒线速度功能的数控车床，程序中的 S 指令用来指定车削加工的线速度。

（7）刀具功能

由字母 T 和后续数字组成，用于指定加工时所用刀具的编号。对于数控车床，其后的数字还兼作指定刀具长度补偿和刀尖半径补偿用。

👁 **小提示**

（1）不同的数控系统程序的结构大体如上所述，程序号（程序的名称）的定义方法有所不同。FANUC 系统规定，程序号以字母 O 开头，后跟四位有效数字。

（2）现在一般使用字地址可变程序段格式，每个字长不固定，各个程序段中的长度和功能字的个数都是可变的。地址可变程序段格式中，在上一程序段中写明的、本程序段里又不变化的那些字仍然有效，可以不再重写。

（3）模态指令和非模态指令：G 指令和 M 指令均有模态和非模态指令之分。

模态指令：一经程序段中指定，便一直有效，直到出现同组另一指令或被其他指令取消时才失效，与上一段相同的模态指令可省略不写。

非模态指令：仅在出现的程序段中有效，下一段程序需要时必须重写。

2. 数控加工程序的建立、修改与删除

（1）数控加工程序的建立

FANUC 系统数控加工程序的建立，是在编辑状态程序画面下，依次键入字母 O 和四位有效数字，按插入键 INSERT 完成的。

（2）数控加工程序的修改

程序的修改主要包括程序段的删除、插入，字的删除、插入、修改等。

① 程序段的删除。

光标移动到所需删除的程序段地址 N,键入地址键 $\boxed{\text{EOB}_E}$,按删除键 $\boxed{\text{DELETE}}$,即可完成。

② 程序段的插入。

光标移动到所需插入的程序段的下一个地址 N,输入所需插入的程序段,键入地址键 $\boxed{\text{EOB}_E}$,按插入键 $\boxed{\text{INSERT}}$,即可完成。

③ 字的删除。

光标移动到所需删除的字,按删除键 $\boxed{\text{DELETE}}$,即可完成。

④ 字的插入。

光标移动到所需插入字的位置,输入所需插入的字,按插入键 $\boxed{\text{INSERT}}$,即可完成。

⑤ 字的修改。

光标移动到所需修改字的位置,输入替代的字,按替换键 $\boxed{\text{ALERT}}$,即可完成。

（3）数控加工程序的删除

加工程序的删除是在编辑状态程序画面下,依次键入字母 O 和四位有效数字,按删除键 $\boxed{\text{DELETE}}$ 完成的。

3. 数控系统字母数字键盘介绍

FANUC 系统字母数字键盘见任务一的图 1-6,说明见表 1-9。

表 1-9　FANUC 系统字母数字键盘说明

序号	按　键	名　称	功能说明
1	RESET	复位键	CNC 复位,消除报警等
2	HELP	帮助键	显示如何操作机床,如 MDI 键的操作,可在 CNC 报警时提供报警的详细信息(帮助功能)
3	O_P N_Q G_R X_U Y_V Z_W M_I S_J T_K F_L H_D EOB_E	地址键	输入字母、数字以及其他字符
4	7_A 8_B 9_C 4 5_W 6_SP 1 2_# 3 - + 0 ·	数字键	

序号	按　键	名　称	功能说明
5		软　键	根据其使用场合,软键有各种功能,软键功能显示在 CRT 屏幕的底部
6	SHIFT	换挡键	在有些键顶部有两个字符,按 SHIFT 键来选择字符。当一个特殊字符在屏幕上显示,表示键面右下角的字符可以输入
7	INPUT	输入键	数据输入的确定
8	CAN	取消键	删除已输入缓冲器中的最后一个字符或符号
9	ALERT INSERT DELETE	程序编辑键	编辑程序时的操作 ALERT：替换 INSERT：插入 DELETE：删除
10	POS PROG OFFSET SETTCNG SYSTEM MESSAGE CUSTCM GRAPH	功能键	切换各种功能显示画面 POS：位置显示 PROG：程序显示 OFFSET SETTNG：刀偏/设定显示 SYSTEM：系统显示 MESSAGE：信息显示 CUSTCM GRAPH：用户宏或图形显示
11	↑ ← → ↓	光标移动键	控制光标移动
12	PAGE↑ PAGE↓	翻页键	同一显示界面下页面的切换

任务实施

1. 准备工作

任务实施前的准备事项见表1-10。

表 1-10 准备事项

准备事项	准备内容
设备	数控车床

2. 操作步骤

（1）数控车床的开机

检查数控车床，确认车床各部分情况正常后，按下列步骤开机：

① 打开车床主电源开关 ▧ 。

② 按车床系统电源开启键 ▧ 。

③ 松开紧急停止 ◉ 。

（2）数控车床回参考点操作

数控车床开机后，需先进行回参考点操作，以恢复机床坐标系。回参考点操作步骤如下：

① 按车床手动倍率键 ×10 25% 或 ×100 50% 。

② 按车床回零键 回零 。

③ 按 +X 方向键 ↓ ，使刀架沿 X 方向回参考点，直至 X 轴回零指示灯 X轴回零 亮，完成 X 方向回参考点操作。

④ 按 +Z 方向键 → ，使刀架沿 Z 方向回参考点，直至 Z 轴回零指示灯 Z轴回零 亮，完成 Z 方向回参考点操作。

（3）建立数控程序与程序输入

数控程序的建立与输入步骤如下：

① 按机床操作面板编辑键 编辑 。

② 打开机床操作面板数据保护开关 ▧ 。

③ 按系统字母数字键盘功能键 PROG ，进入系统程序编辑状态，此时 CRT 显示如图 1-21 所示。

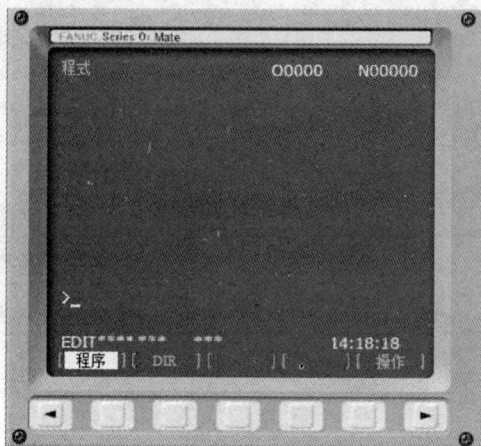

图 1-21　程序编辑状态

④ 依次输入字母 O、四位有效数字（例如 0001）、插入键 INSERT ，完成新程序（O0001）的建立，此时 CRT 显示如图 1-22 所示。

⑤ 依次输入字母 M、数字 03、字母 S、数字 600、地址键 EOB$_E$ 、插入键 INSERT ，完成第一个程序段的输入，此时 CRT 显示如图 1-23 所示。

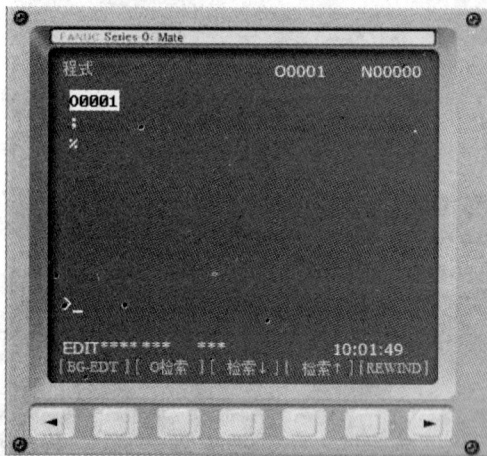

图 1-22　新建程序画面

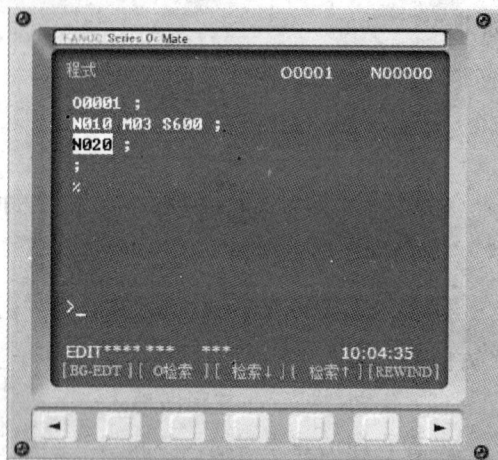

图 1-23　程序输入时的画面

⑥ 按照步骤⑤依次完成程序的输入，此时 CRT 显示如图 1-24 所示。因显示器每屏显示段数有限，所以完整的程序经常需要分屏显示。

⑦ 参照步骤①～⑥，完成第二个程序（O0002）的输入。

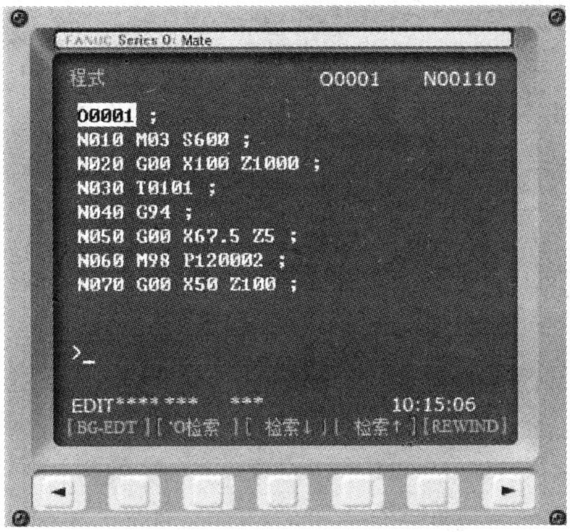

(a) 程序第一页 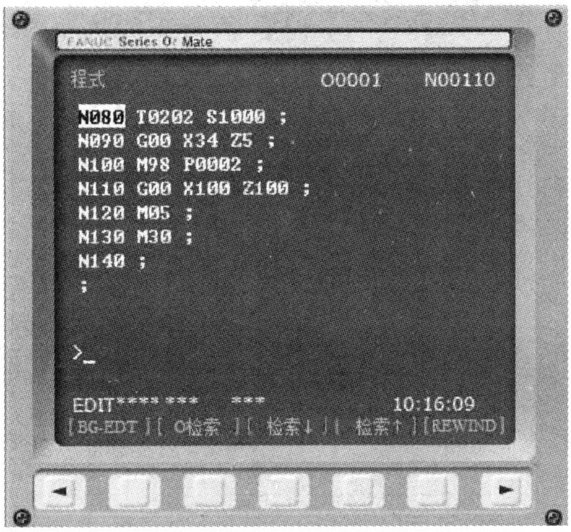   (b) 程序第二页

图 1-24 完整程序画面

👁 **小提示**

（1）此程序是针对图 1-1 编制的,程序清单见表 1-11、表 1-12。在本任务中,学生只需学会程序的建立和输入方法,不需要了解程序的具体内容。

表 1-11 单球手柄数控车削主程序与注释

程序清单	注 释
O0001	程序号
N10 M03 S600	粗车转速
N20 T0101	换粗车刀具
N30 G00 X100 Z100	设置加工起点
N40 G94	设置 mm/min 的进给量
N50 G00 X67.5 Z5	设置加工起点
N60 M98 P120004	设置调用子程序及调用次数
N70 G00 X50 Z100	回到换刀点
N80 T0202 S1000	换精车刀
N90 G00 X34 Z5	精车起点
N100 M98 P0004	调用子程序进行精车
N110 G00 X100 Z100	回加工起点
N120 M05	主轴停转
N130 M30	程序结束并回到加工开头

表 1-12　单球手柄数控车削子程序与注释

程序清单	注　释
O0002	程序号
N10　G00　U−34　W0	进刀
N20　G01　U0　W−5　F200	切削
N30　G03　U30　W−15　R15	
N40　G03　U−6.75　W−15　R35	
N50　G02　U2.75　W−18　R18	
N60　G01　U0　W−21	
N70　G01　U5　W0	让刀
N80　G01　U0　W74	退出
N90　M99	子程序结束,并返回主程序

（2）当程序在 CRT 中页面无法显示完全时,系统会自动进入下一页面,此时如需检查,可用翻页键 ⬆PAGE 或 PAGE⬇ 进行翻页。

（3）如需重新打开程序,在编辑状态下,输入需打开的程序名,按下字母数字键盘的光标移动键 ⬇ ,即可打开。

（4）程序中的空格,在程序输入时无须输入。

（5）对于按键上出现两个字符的,可结合换档键 SHIFT 进行输入。

例如,对于按键 GR,如果正常按下,屏幕出现字符 G;如果先按换档键 SHIFT 键,再按 GR,屏幕即显示字符 R。

（4）程序的空运行与修改

程序的空运行是对程序的逻辑性与走刀轨迹进行检查的手段,操作步骤如下：

① 打开主程序（O0001）,此时光标应在程序开头,如果不在,可用光标移动键或用复位键 RESET 将光标返回开头。

② 按机床控制面板方式选择键 空运行 或方式选择键 自动 ,进入空运行状态或自动加工状态。

③ 按机床控制面板机床锁住开关 机床锁住 ,防止运动轴产生运动。

④ 按字母数字键盘的功能键 CUSTOM GRAPH ,此时 CRT 显示如图 1-25 所示。

⑤ 按机床控制面板循环启动按钮 ◯ 。进行程序的运行,根据实际需要选择单段或连续方式,注意观察走刀轨迹,运行结束后 CRT 显示如图 1-26 所示。

图 1-25 图形状态初试画面

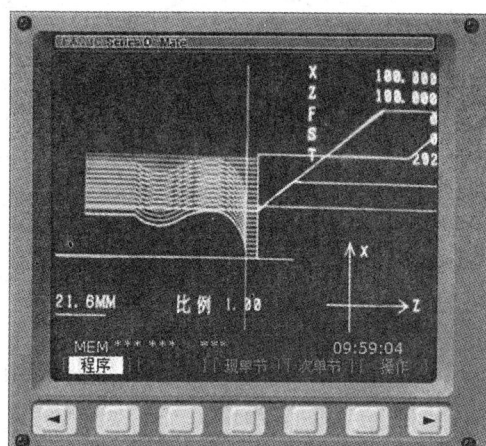

图 1-26 单球手柄加工完成时走刀轨迹

👁 小提示

（1）该项操作请在教师的帮助下完成，如有错误，可以采用前面介绍的程序的修改方法对程序进行修改。

（2）空运行状态和自动加工状态，运行模拟轨迹的区别在于走刀速度的快慢，建议采用自动加工状态，熟练后采用空运行状态。

（5）数控车床的关机

检查数控车床，确认完成保养工作后，按下列步骤关闭机床：

① 按车床系统电源关闭键 ▢ 。

② 关闭车床主电源开关 ◓ 。

任务五　手动操作与对刀操作

任务描述

该任务旨在引导学生了解编程坐标系的建立过程,熟悉数控车床手动操作和手轮操作的方法,学会对刀操作。

学习目标

1. 了解数控机床编程坐标系的建立。
2. 熟悉数控车床手动操作和手轮操作的方法。
3. 学会对刀操作。

知识讲解

1. 数控车床的编程坐标系

为了编程方便,需要在零件图样上适当选定编程原点。以编程原点作为坐标系的原点,再建立一个坐标系,称之为编程坐标系或工件坐标系,如图 1-27 所示。被加工零件上所有基点的位置都是在此坐标系中确定的,在加工时必须首先建立机床坐标系和编程坐标系之间的联系,即用对刀的方式告诉机床编程原点在机床坐标系中的位置。

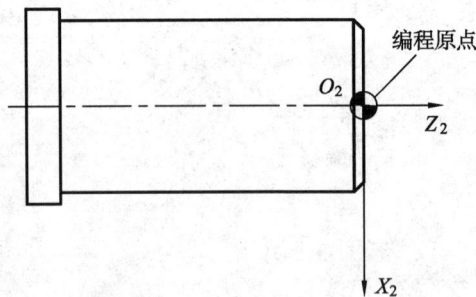

图 1-27　编程坐标系

2. 机床操作面板介绍

沈阳机床厂生产的数控车床,机床操作面板见任务一图 1-8,说明如表 1-13 所示。

表 1-13 机床操作面板说明

序号	按键	名称	功能说明
1	编辑		进入编辑程序方式
2	MDI		进入 MDI 运行方式
3	自动		进入自动运行方式
4	手动	方式选择键	进入手动进给方式
5	手轮		进入手轮脉冲方式
6	回零		进入返回参考点方式
7	空运行		进入空运行方式
8	X轴回零 Z轴回零	轴返回参考点指示灯	当坐标轴返回参考点后指示灯亮
9	快移 ↑↓←→	手动进给键	手动/单步操作方式 X,Z 轴正向/负向移动,同时按快移可进行快速移动
10	×1 F0 ×10 25% ×100 50% ×1000 100%	脉冲最小单位/快速倍率选择键	手轮/单步每步移动 0.001/0.01/0.1/1 mm 快速移动倍率值 1%/25%/50%/100%
11	主轴正转 主轴反转 主轴停止	主轴控制键	主轴正转、反转、停止
12	冷却	冷却液开关	冷却液开/关
13	手动选刀	手动换刀键	手动换刀
14	跳步	程序段跳开关	指示灯亮时,程序开头有"/"符号的程序段被跳过不执行
15	单段	单步运行开关	程序单段运行/连续运行状态切换,单段有效时指示灯亮
16	机床锁住	机床锁住开关	机床锁住指示灯亮时,X,Z 轴输出无效
17	◎	循环启动按钮	程序、MDI 指令运行启动
18	◎	进给保持按钮	程序、MDI 指令运行暂停,按循环启动键可恢复自动运行

续表

序号	按键	名称	功能说明
19		进给倍率修调旋转开关	在自动运行中,由 F 代码指定的进给速度可以用此开关来调整,调整范围 0～150%,每格增量为 10%
20		转速倍率修调旋转开关	在自动运行中,由 S 代码指定的主轴转速可以用此开关来调整,调整范围 50%～120%,每格增量为 10%
21		数据保护开关	可以对系统的数据进行写入保护
22		系统电源	控制数控系统的开启与关闭
23		紧急停止	当出现紧急状态时,对数控机床进行紧急停止操作

👁 小提示

(1) 表 1-13 对机床厂设置的选配功能未作介绍,如有使用需要可参照机床说明书进行。

(2) 表 1-13 所列功能按钮、按键因不同厂家,不同型号略有出入,使用时必须先熟悉机床说明书。

3. 手轮介绍

手轮又称为手动脉冲发生器,用以手动控制车床的运动部件运动。具有操作方便、使用人性化等特点。其结构有两种形式,手提式手轮(外接在车床外部),如图 1-28 a 所示;固定式手轮(直接安装在车床操作面板上),如图 1-28 b 所示。

(a) 手提式手轮　　　　　　　　　　　　(b) 固定式手轮

图 1-28　手轮

手提式手轮外接在车床外部,可以通过手轮上部的开关,选择控制的运动轴和运动倍率,旋转手轮控制坐标轴运动。

固定式手轮直接安装在车床操作面板上,通过车床操作面板上的对应选择按钮 X手播、

Z手播,结合脉冲最小单位 ×1 F0 ×10 25% ×100 50% ×1000 100% 选择控制的运动轴和运动倍率,旋转手轮控制坐标轴运动。

4.MDI(手动程序输入)操作简介

MDI 操作用于编制少量程序段(10 段以内),然后运行,但编制的程序段不可存储。在训练时常用来进行主轴转速的设定和旋转以及刀具的选择。

例 1　若要设定主轴在 500 转正转,操作程序为:

按机床操作面板方式选择键 MDI ,按系统控制面板功能键 PROG ,依次键入字母 M、数字 03、字母 S、数字 500、系统控制面板地址键 EOB_E 、插入键 ALERT 、按机床操作面板循环启动按钮 ⊙ ,此时车床主轴即以 500 r/min 的转速正转。

🐾 想一想

如需主轴停转、反转,如何操作?

例 2　若要选择 1 号刀具,操作程序为:

按机床操作面板方式选择键 MDI ,按系统控制面板功能键 PROG ,依次键入字母 T、数字 0101、系统控制面板地址键 EOB_E 、插入键 ALERT ,按机床操作面板循环启动按钮 ⊙ ,此时刀架转至 1 号刀位。

▐▐▐▐ 任务实施

1.准备工作

手动操作与对刀操作的准备事项见表 1-14。

表 1-14　手动操作与对刀操作的准备事项

准备事项	准备内容
设备	数控车床
刀具	45°车刀、90°车刀
材料	45#钢
量具	游标卡尺、千分尺
辅具	垫刀片、常用工具等

2. 操作步骤

(1) 手动操作训练

在教师的帮助下,完成数控车床的开机和回参考点操作,再按下面的提示进行手动操作训练。

① 主轴的旋转。

按下机床操作面板方式选择键 |手动|,依次按下机床操作面板的主轴控制键 |主轴正转|、|主轴停止|、|主轴反转|,进行主轴正转、停转与反转的操作训练,注意观察主轴的旋转方向,可以配合使用机床操作面板的转速倍率修调旋转开关 ,观察主轴转速变化的情况。

小提示

(1) 机床刚启动时,因为没有设定主轴转速,所以此时主轴的转速为 0。只有用 MDI 方式设定主轴转速后,主轴才有对应的转速。

(2) 在主轴的正转与反转之间应有停转,以防意外的发生。

② 运动轴的移动。

按下机床操作面板方式选择键 |手动|,使用手动进给键 |←| 和 |→|,控制刀架在 Z 轴方向左右移动,注意观察 CRT 显示器 Z 坐标的变化,了解 Z 坐标的正负方向。

按下机床操作面板方式选择键 |手动|,使用手动进给键 |↑| 和 |↓|,控制刀架在 X 轴方向前后移动,注意观察 CRT 显示器 X 坐标的变化,了解 X 坐标的正负方向。

小提示

(1) 可配合使用手动进给键 |快移| 和快速倍率选择键 |×1 F0| |×10 25%| |×100 50%| |×1000 100%|,控制刀架移动的快慢。

(2) 移动过程中,注意刀架的位置,防止刀架与车床其他部件发生碰撞。

(3) 当刀架移动超出行程范围时,系统会有超程报警。此时,只需将刀架向超程的反方向适当移动,然后按下系统操作面板的复位键 |RESET|,即可消除。

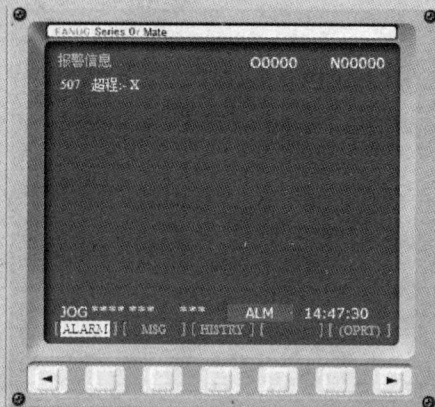

图 1-29　X 轴负方向超程报警

例如,当出现图 1-29 所示报警时,表示刀架在 X 轴负方向出现超程。此时,只需将刀架用手动进给键 |↓| 或手轮控制向 X 轴正方向适当移动,然后按下系统操作面板的复位键 |RESET|,即可消除。

③ 刀具的选择。

先将刀架移动到安全位置,按下机床操作面板的手动换刀键 手动选刀 ,进行刀具的选择。

(2) 手轮操作训练

按下机床操作面板上的方式选择键 手轮 ,先选择控制轴,再根据情况调整速度,用手摇动手轮,控制刀架的运动。

(3) 对刀操作训练

先将毛坯装夹在三爪卡盘上,校正,再将 90°车刀安装在 1 号刀位。用前述方法控制主轴正转,转速以 400~500 r/min 为宜。

① X 轴对刀。

用手动进给键或手轮控制车刀轻触毛坯外圆,沿 Z 轴正方向移动至距毛坯端面 3~5 mm 处,再沿 X 轴负方向进刀 0.5~0.6 mm,控制车刀沿 Z 轴负方向切削 3~5 mm 长度,沿 Z 轴正方向移动至距毛坯端面 30~40 mm 处,停车,测量。

将测量的直径数据输入数控系统,步骤如下:

a. 按下或连续按下系统操作面板功能键 OFFSET SETTING ,CRT 显示器会出现刀具几何偏置画面(见图 1-30)或刀具磨损偏置画面(见图 1-31)。

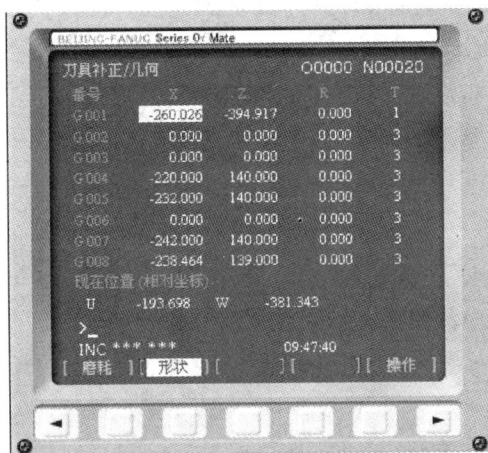

图 1-30 刀具几何偏置画面

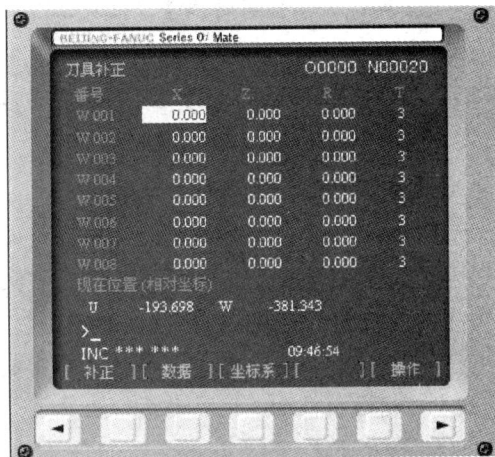

图 1-31 刀具磨损偏置画面

b. 选择刀具几何偏置画面,光标移动在 G001 行与 X 列相交处。

c. 输入测量的数据(例如 $X34.52$),按下软键"测量"(见图 1-32),即可完成 X 方向对刀工作。

② Z 轴对刀。

启动主轴正转,用手动进给键或手轮控制车刀轻触毛坯端面,沿 X 轴正方向退出一段距离,停车。

a. 选择刀具几何偏置画面,光标移动在 G001 行与 Z 列相交处。

b. 输入数据($Z0$),按下软键"测量"(见图 1-33),即可完成 Z 方向对刀工作。

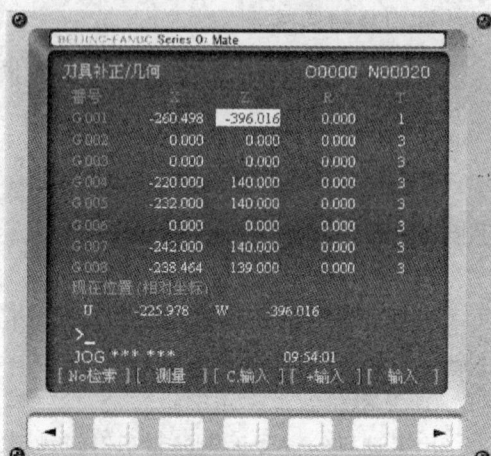

图 1-32 输入 X 方向测量数据画面

图 1-33 输入 Z 方向数据画面

小提示

数控车床的对刀，实际上包括了试切和数据输入两个过程。

试切的过程和普通车床大致相同，只不过是利用机床操作面板的方向键或手轮去实现相应的动作。

数据输入过程是将测量数据输入数控系统的过程，在此过程中，需注意刀具的实际位置在对应的方向上不能发生偏移，即 X 方向试切后，Z 方向可以移动，但 X 方向应保持不动；Z 方向接触端面后，X 方向可以移动，但 Z 方向应保持不动。

为保证加工精度，直径的测量应尽可能准确，刀具接触端面应尽可能地轻。

加油站

软键(软功能键)的使用

软键是供数控系统进行功能扩展用的，位置在 CRT 显示器的下方(见图1-34)。操作者可通过对应的功能名称加以选择。

▶ 是扩展键，当软功能在本屏显示不全时使用； ◀ 是返回键，是从下级功能返回上级时使用的。

图 1-34 软键

任务六 零件的加工操作

任务描述

该任务旨在引导学生了解数控机床功能显示画面,熟悉数控加工工艺表,熟练完成零件的加工过程。

学习目标

1. 了解数控车床功能显示画面。
2. 熟悉数控加工工艺表。
3. 学会数控车床零件加工的全过程。

知识讲解

1. CRT 显示功能画面介绍

FANUC 数控系统共有 6 个功能,分别利用不同的功能键进行选择,CRT 会有不同的画面显示,操作者可利用系统操作面板和对应的功能软键操作。

(1) 位置(POS)功能

位置功能主要显示刀具的位置坐标和相关的加工信息(见图 1-35)。

按下系统操作面板的功能键 POS ,选择软键"绝对"(见图 1-35 a),CRT 显示刀具的绝对坐标、实际进给量、实际主轴转速等信息。

选择软键"相对"(见图 1-35 b),CRT 显示刀具的相对坐标、实际进给量、实际主轴转速等信息。

选择软键"综合"(见图 1-35 c),CRT 显示刀具的绝对坐标、相对坐标、机械坐标、余移动量、实际进给量、实际主轴转速等信息。

加油站

绝对坐标是指刀具在编程坐标系中的当前位置。

相对坐标是指刀具在相对坐标系中的当前位置。

机械坐标是指刀具在机械坐标系中的当前位置。

余移动量是指刀具本次走刀剩余的移动量，注意观察该数据和刀具的实际位置可以有效地防止撞刀等恶性事故的发生。

实际进给量（ACTF）和实际主轴转速（S）是指机床当前实际执行的进给量和主轴转速，是由程序设定结合倍率修调旋钮得到的。

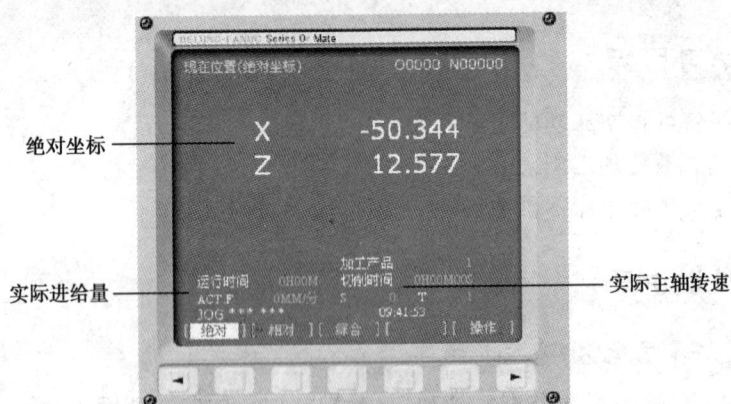

(a) 绝对坐标画面

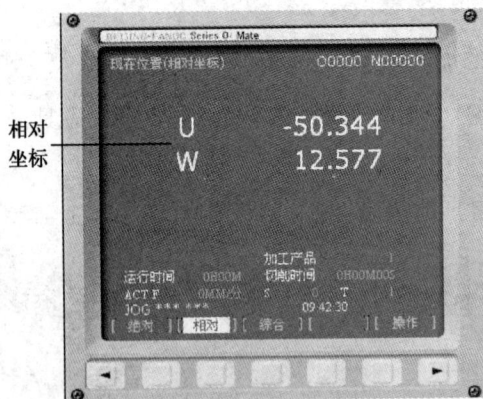

(b) 相对坐标画面

(c) 综合坐标画面

图 1-35　位置功能画面

（2）程序（PROG）功能

程序功能主要显示不同的操作状态下和加工程序有关的信息。

① 编辑状态下。

按下系统操作面板的功能键 PROG ，再按下机床操作面板的方式选择键 编辑 ，可进入系统的程序编辑画面(见图1-36)。程序画面有程序显示画面(见图1-36 a)和程序目录显示画面(见图1-36 b),分别用软键"程序"和"DIR"进行选择。

在程序显示画面,可以结合软键"检索"对程序段或者关键字进行快速检索,提高查找速度,方便程序的修改。

在程序目录显示画面,结合软键"操作",可以对程序进行删除、注释等操作。

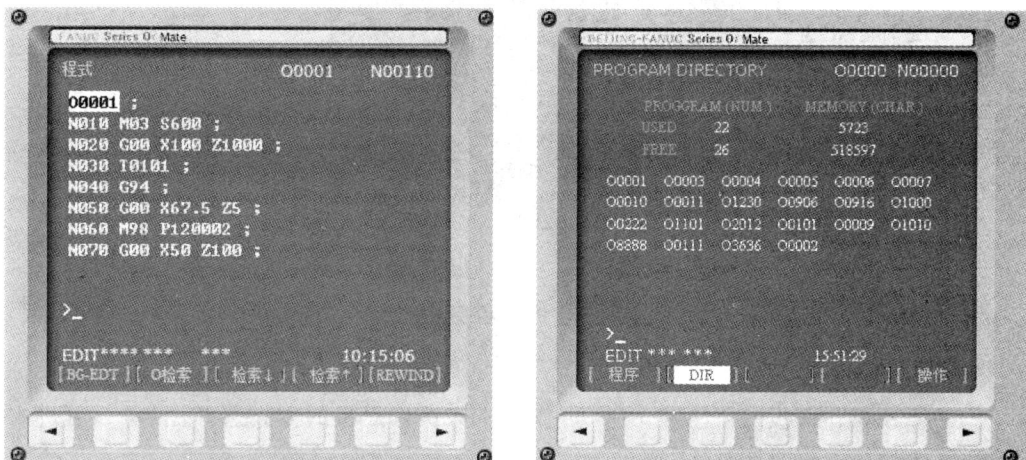

(a) 程序显示画面

(b) 程序目录显示画面

图 1-36　程序编辑画面

② 自动状态下。

按下系统操作面板的功能键 PROG ,再按下机床操作面板的方式选择键 自动 ,可进入系统的程序加工画面(见图1-37)。

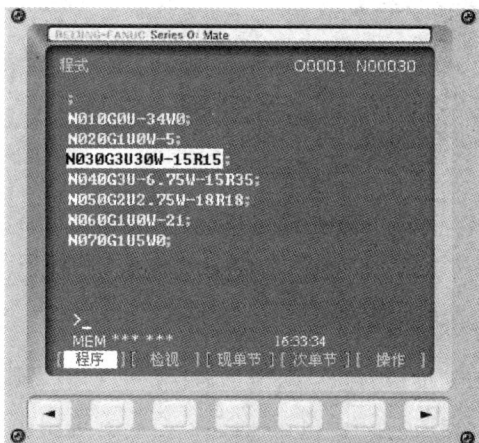

图 1-37　程序加工画面

通过"检视"软键进入加工检视画面(见图1-38),可以观察正在执行的程序段、当前刀具适时坐标位置、余移动量、当前使用的 G,M 代码等信息。注意观察余移动量和刀具在车床的具体位置可以有效防止撞刀。

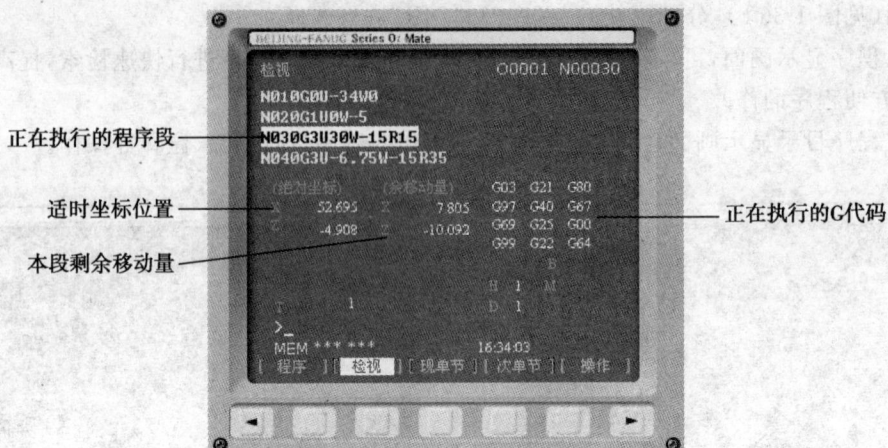

图 1-38 加工检视画面

③ MDI 状态下。

按下系统操作面板的功能键 PROG ，再按下机床操作面板的方式选择键 MDI ，可进入系统的 MDI 加工画面（见图 1-39）。

此状态一般用于简单程序段的运行，所输入的程序段不可存储（详见任务五）。

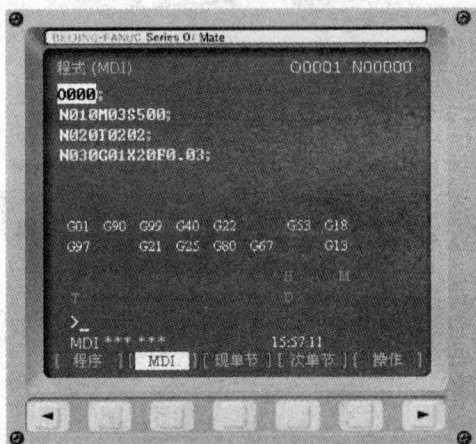

图 1-39 MDI 加工画面

（3）刀偏/设定（OFS/SET）功能

按下系统操作面板的功能键 OFFSET/SETTING ，可进入系统的刀具偏置画面和设定画面。

刀具偏置画面可以通过"形状"软键和"磨耗"软键，分别进入刀具对刀操作的画面和刀具磨损补偿的画面（见图 1-30、图 1-31）。

此画面可进行对刀数据的输入和刀具磨损量的补偿。

按下系统操作面板的功能键 OFFSET/SETTING ，再按下机床操作面板的方式选择键 MDI ，通过

"设定"软键可进入系统的设定画面(见图1-40)。

此画面可进行系统写保护、代码格式、纸带格式等参数的设定。

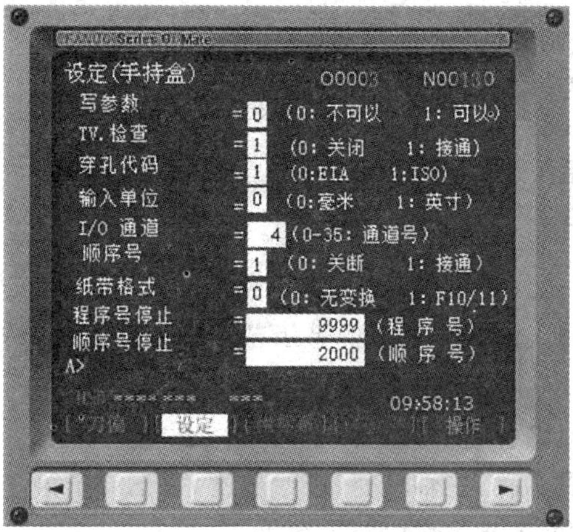

图 1-40　设定画面

(4) 系统(SYSTEM)功能

按下系统操作面板的功能键 SYSTEM,再按下机床操作面板的方式选择键 MDI,通过"设定"软键可进入系统的参数画面(见图1-41)。

此画面可根据需要对需要修改的系统参数进行修改。

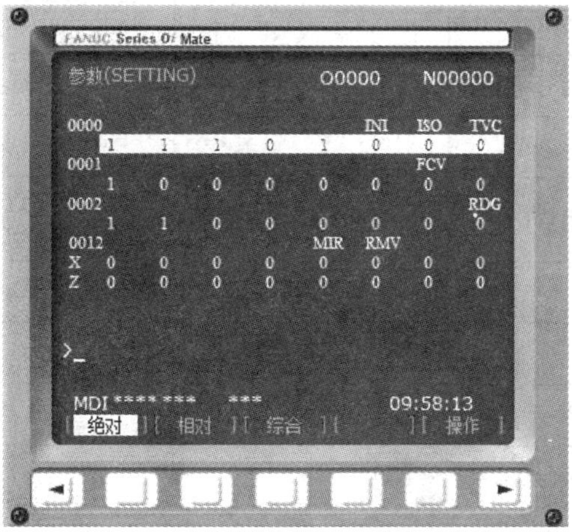

图 1-41　系统参数画面

(5) 信息(MESSAGE)功能

在系统出现"ALM"报警时,按下系统操作面板的功能键 MESSAGE,画面会出现报警信息(见图1-29),操作者可根据报警信息及时进行处理。

（6）图形（CSTM/GR）功能

按下系统操作面板的功能键 $\boxed{\text{CUSTCM GRAPH}}$，再按下机床操作面板的方式选择键 $\boxed{\text{自动}}$ 或 $\boxed{\text{空运行}}$，可进入系统的程序加工画面（见图 1-25）。

按机床控制面板 ⊙ 进行程序的运行，根据实际需要选择单段或连续方式，可以观察走刀轨迹，运行结束后 CRT 显示如图 1-26 所示。

2. 加工工艺表介绍

加工工艺是对加工过程进行规范的文件，经常以表格的形式呈现（见表 1-15）。虽然企业中采用的工艺表的形式都不尽相同，但工艺表中一般需反映如下与加工有关的信息。

加工对象信息：产品名称或代号、零件名称、零件图号等。

加工手段信息：夹具名称、使用设备、车间等。

加工工艺信息：刀具名称、主轴转速、进给速度、背吃刀量等。

加工过程信息：工序、工步的次序与内容等。

加工程序信息：程序编号等。

编制过程信息：编制人员、审核人员、批准人员、制订日期等。

表 1-15 数控加工工艺表

数控加工工艺表						
单位名称		产品名称或代号		零件名称		零件图号
工序号	程序编号	夹具名称		使用设备		车　间
一						
工步	工步内容	刀具号	刀具名称	主轴转速/（r/min）	进给速度/（mm/r）	背吃刀量/mm	备注
1							
2							
…							
工序号	程序编号					
二						
工步	工步内容					
1						
2						
…						
编制		审核		批准		日期

加油站

1. 切削用量三要素

切削用量是指切削速度 v_C、进给量 f（或进给速度 v_f）、背吃刀量 a_P 三者的总称，也称为切削用量三要素。它是调整刀具与工件间相对运动速度和相对位置所需的工艺参数。

① 切削速度 v_C：切削刃上选定点相对于工件的主运动的瞬时速度。在实际车削过程中，常用主轴转速 n 来表征，换算公式为：

$$v_C = \frac{\pi \times d_w \times n}{1\ 000}$$

式中，v_C——切削速度，m/s；

　　　d_w——工件待加工表面直径，mm；

　　　n——主轴转速，r/s。

② 进给量 f：工件或刀具每转一周时，刀具与工件在进给运动方向上的相对位移量，即刀具在进给方向上移动的速度。

③ 背吃刀量 a_P：通过切削刃基点并垂直于工作平面的方向上测量的吃刀量，即刀具切削的深度。

2. 工序与工步

工序是指整个生产过程中各工段加工产品的次序，亦指各工段的加工。

在同一个工位上，要完成不同的表面加工时，其中加工表面、切削速度、进给量和加工工具都不变的情况下，所连续完成的那一部分工序内容，称为一个工步。

车削时，在一次装夹下完成的车削加工，可以认为是一道工序；用一把刀具连续完成一个表面的加工，可认为是一道工步。

任务实施

1. 准备工作

零件加工的准备事项见表 1-16。

表 1-16　零件加工的准备事项

准备事项	准备内容
设备	数控车床
刀具	45°车刀、90°车刀等
材料	45#钢（ϕ35×75 一段）
量具	游标卡尺、千分尺、曲线样板等
辅具	垫刀片、常用工具等

2. 操作步骤

零件的加工过程包含以下步骤,请在教师的指导下完成单球手柄的加工操作。

（1）开机

依次打开机床主电源开关、系统电源开关,松开紧急停止按钮,完成数控车床的开机动作(详见任务三)。

（2）回参考点

确认刀具在行程范围内,依次进行 X 轴与 Z 轴回参考点的操作(详见任务三)。

（3）输入程序并核对

建立数控加工程序(O0001,O0002)并输入,然后对输入程序进行检查并修改(详见任务四)。

（4）空运行检查程序并修改

对输入的程序进行空运行,观察刀具的运行轨迹(详见任务四),如轨迹有误,先找出问题的原因,再回到程序编辑画面进行相应的修改。

（5）安装刀具和毛坯

① 安装刀具。

数控车床刀具的安装要求和普通车床一样,注意刀具安装的刀位应和程序中的刀具号一致。

例如,程序中的刀具指令为 T0101,该指令中,T 为刀具指令,第一组 01 是刀具号,第二组 01 是刀具补偿号。

此时,应将刀具安装在 1 号刀位,并注意刀具的伸出长度和高度。

同理程序中 T0202 的刀具应安装在 2 号刀位。

② 安装毛坯。

数控车床毛坯的安装要求和普通车床一样,注意毛坯的伸出长度应略长于实际车削长度 3~5 mm。

（6）对刀

确认刀具和毛坯安装无误后,进行 X 方向和 Z 方向的对刀操作(详见任务五),注意刀具数据的输入应和刀具补偿号对应。

例如,对 T0101 刀具,应将数据输入到 01 号刀具补偿对应的位置。

同理程序中 T0202 的刀具,应将数据输入到 02 号刀具补偿对应的位置。

（7）零件加工并检测

确认前述步骤均无误,可以按下列步骤进行零件的加工:

① 将刀具移动至距毛坯端面 50 mm 左右,以防止出现意外。

② 打开程序,并移动光标到程序开头处(详见任务四)。

③ 按下机床操作面板的方式选择键 [自动] ,选择自动加工。

④ 按下机床操作面板的方式选择键 [单段] ,选择单段加工方式。

⑤ 将进给倍率修调旋转开关 调至 0。

⑥ 按下机床操作面板的循环启动键 ，进行零件的加工操作。

⑦ 适当调整进给倍率，待程序运行正常后，可将单段方式改为连续运行。加工过程中，需根据加工状态对进给倍率、主轴转速倍率进行修调。

⑧ 程序运行结束后，对车削零件进行检测，对加工误差及产生的原因进行分析。

（8）清洁、保养机床

按照任务二所列的数控车床保养的要求，对车床进行保养，并完成车床及周边环境的清洁工作。

（9）关机

依次关闭系统电源开关、主电源开关，完成数控车床的关机动作（详见任务三）。

知识链接——轴类零件识图

1. 轴类零件与零件图

轴类零件是机器中经常遇到的典型零件之一,在机械中主要用于支承零部件以传递扭矩和承受载荷。其零件图经常用一个主视图配以若干个断面图或局部视图来表示(见图 1-42)。

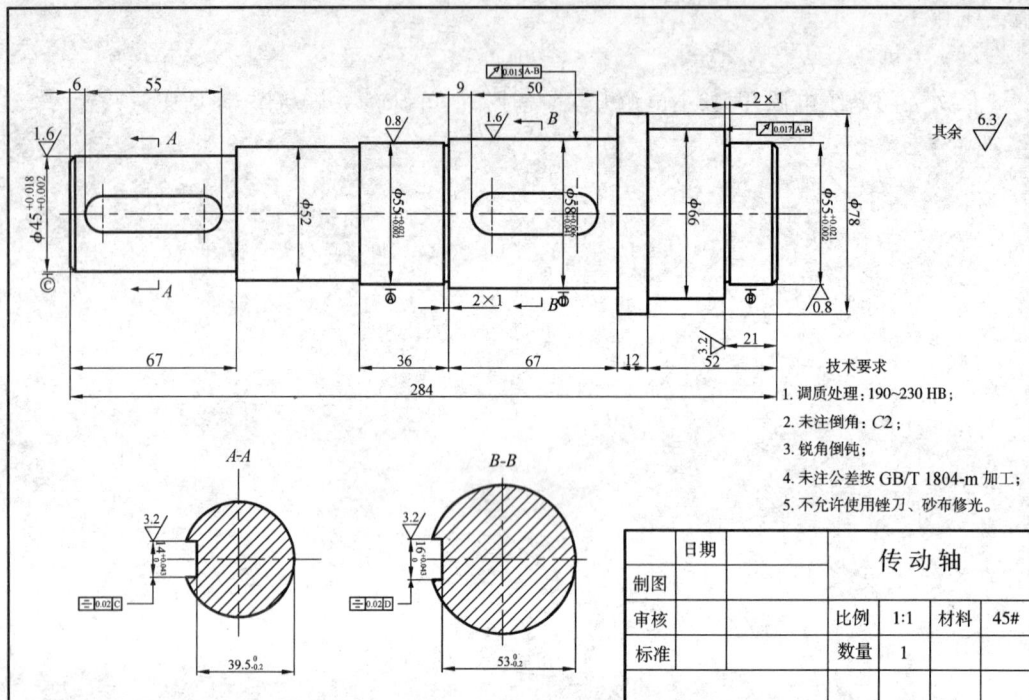

图 1-42 传动轴零件图

2. 识读步骤

(1)看标题栏

标题栏中反映了零件的名称、材料、数量以及绘图比例和设计者的姓名等信息,其中和加工工艺安排直接有关的是零件的名称、材料和数量。

根据零件的名称可以大致分析出零件的用途和使用场合,从而为后面分析尺寸基准提供参考。

根据该零件名称可以分析出零件的使用情况如图 1-43 所示,设计尺寸的主基准一般在右侧与轴承贴合处。

零件的材料可以决定所用刀具的材料和切削用量。

该零件的材料用的是 45 # 钢,采用常规的硬质合金刀具,合理安排切削用量即可加工。

数量的多少实际反映的是加工的批量,批量的大小决定采用工序分散原则还是集中原则安排工序。

该零件为单件加工,属于小批量生产,一般不采用适合大批量生产的工序分散原则,而采用工序集中原则组织生产。

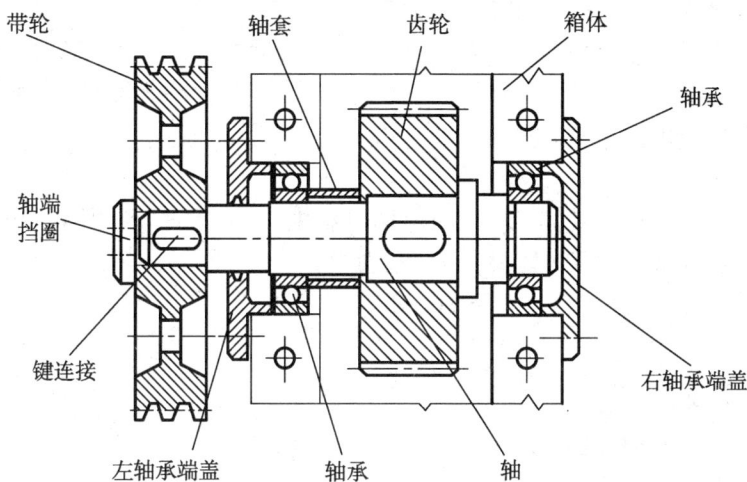

图 1-43　传动轴零件使用示意图

(2) 看视图

视图反映了零件的总体形状和局部结构,分析得出需要使用哪些手段来加工。

该零件主要形状特征是回转体,采用车削或数控车削进行加工,局部有两个键槽,需使用铣削或数控铣削进行加工。

(3) 看尺寸

① 先看尺寸基准。

该基准将决定加工过程中的装夹和定位手段,以及工艺编排的顺序。

按照前面的分析,该零件的设计尺寸是径向以轴线为主基准,轴向以右侧与轴承贴合处为主基准。安排工艺需先加工右侧,再加工左侧。

② 再看关键尺寸。

关键尺寸的精度将决定采用哪些加工手段。

该零件的关键尺寸有四处,两处为安装轴承的位置 $\phi 55$,一处为安装齿轮的位置 $\phi 58$,一处为安装带轮的位置 $\phi 45$。其中 $\phi 55$,$\phi 58$ 的公差为 0.019 mm,$\phi 45$ 的公差为 0.016 mm,均为 6 级公差,常规车削加工很难达到精度要求,都需要安排磨削加工。

(4) 看技术要求

① 看热处理要求。

分析出是否需要进行热处理及安排在哪个加工过程中进行。

该零件需要进行调质处理,一般安排在精加工之前进行。

② 看形位公差要求。

形位公差要求决定了装夹和定位手段,以及工艺编排的顺序。

该零件有两处跳动度要求,两处对称度要求。对于跳动度要求,可以采用预制工艺顶针孔,加工时采用双顶装夹来保证;对于对称度要求,则需在铣削键槽时采用双顶或一夹一顶的装夹方法一次装夹来保证。

③ 看表面粗糙度要求。

表面粗糙度要求直接关系到采用的加工方法。

该零件重要表面的粗糙度为 $Ra0.8$ 与 $Ra1.6$,常规表面为 $Ra3.2$,一般表面为 $Ra6.3$。对于 $Ra3.2$ 与 $Ra6.3$ 处,采用常规车削手段即可达到表面要求,而 $Ra0.8$ 处则需要采用磨削加工来保证表面质量。

(5)归纳总结

通过上述分析,可以得出该零件为单件,材料为 45#钢,需要用到的加工手段有车削、铣削和磨削,在加工过程中需要安排调质处理。

由此得出其加工过程为:锯割下料—粗、精车两侧外圆—铣键槽—调质—磨削重要表面。

3. 工艺路径的安排

该零件的工艺安排见表 1-17。

表 1-17　传动轴的加工工艺

机械加工工艺表							
单位名称		产品名称或代号		零件名称		零件图号	
		//		传动轴		//	
工序号	工序名称	夹具名称		使用设备		车　间	
一	锯	//		锯床		//	
工步	工步内容	刀具号	刀具名称	主轴转速/ (r/min)	进给速度/ (mm/r)	背吃刀量/ mm	备注
1	锯割下料	//	带锯	//	//	//	//
工序号	工序名称	夹具名称		使用设备		车　间	
二	车	三爪卡盘		车床		//	
工步	工步内容	刀具号	刀具名称	主轴转速/ (r/min)	进给速度/ (mm/r)	背吃刀量/ mm	备注
1	夹持毛坯,伸出长度≥65 mm,校正	//	//	//	//	//	//
2	车端面,车平即可	//	45°偏刀	500	0.2	0.5	//
3	钻中心孔	//	中心钻	1 000	//	//	//
4	粗车各段外圆,留精车余量	//	90°偏刀	500	0.2	0.5	//
5	精车各段外圆,φ55留磨削余量	//	90°偏刀	1 000	0.15	0.25	//
6	车削 2×1 的越程槽	//	切槽刀	500	0.15	2	//

机械加工工艺表							
工步	工步内容	刀具号	刀具名称	主轴转速/(r/min)	进给速度/(mm/r)	背吃刀量/mm	备注
7	倒角、去毛刺	//	45°偏刀	500	//	//	//
8	检测、下车	//	//	//	//	//	//

工序号	工序名称	夹具名称		使用设备		车 间	
三	车	三爪卡盘		车床		//	

工步	工步内容	刀具号	刀具名称	主轴转速/(r/min)	进给速度/(mm/r)	背吃刀量/mm	备注
1	掉头装夹φ55外圆处，校正	//	//	//	//	//	//
2	车端面，保证总长	//	45°偏刀	500	0.2	0.5	//
3	钻中心孔	//	中心钻	1 000			
4	粗车各段外圆，留精车余量	//	90°偏刀	500	0.2	0.5	//
5	精车各段外圆，φ45，φ55与φ58处留磨削余量	//	90°偏刀	1 000	0.15	0.25	//
6	车削2×1的越程槽	//	切槽刀	500	0.15	2	//
7	倒角、去毛刺	//	45°偏刀	500	//	//	//
8	检测、下车	//	//	//	//	//	//

工序号	工序名称	夹具名称		使用设备		车 间	
四	铣	三爪卡盘、尾座		铣床		//	

工步	工步内容	刀具号	刀具名称	主轴转速/(r/min)	进给速度/(mm/r)	背吃刀量/mm	备注
1	采用一夹一顶装夹工件，校正	//	//	//	//	//	//
2	钻铣削孔	//	钻头	800	0.2		
3	粗、精铣键槽至尺寸要求	//	立铣刀	800	0.2		
4	检测	//	//	//	//	//	//

工序号	工序名称	夹具名称		使用设备		车 间	
五	调质	//		//		//	

工步	工步内容	刀具号	刀具名称	主轴转速/(r/min)	进给速度/(mm/r)	背吃刀量/mm	备注
1	调质到190~230 HB	//	//	//	//	//	//

机械加工工艺表						
工序号	工序名称	夹具名称		使用设备		车 间
六	磨	三爪卡盘、尾座		磨床		//
工步	工步内容	刀具号	刀具名称	主轴转速/ （r/min）	进给速度/ （mm/r）	背吃刀量/ mm	备注
1	采用双顶装夹工件，校正	//	//	//	//	//	//
2	磨削φ45，φ55与φ58处至尺寸要求	//	砂轮	//	//	//	//
编制		审核		批准		日期	

项目二

外轮廓的编程与加工

本项目围绕图 2-1 所示轴的加工,通过四个任务,讲解了轴类零件中外阶台、外轮廓、外沟槽、外螺纹等表面的工艺编制、编程方法和加工过程。

◎ **知识目标**：熟悉常用编程指令的格式与使用方法；

熟悉数控车削工艺表的格式与内容。

◎ **技能目标**：会使用常用编程指令编写轴类零件外轮廓程序；

能进行轴类零件外轮廓的数控车削工艺编制；

熟练操作设备进行轴类零件外轮廓的数控车削；

熟悉车削精度的保证方法；

了解中断的处理方法。

◎ **素养目标**：树立正确的质量意识；

培养一定的逻辑思维能力；

养成良好的工作习惯。

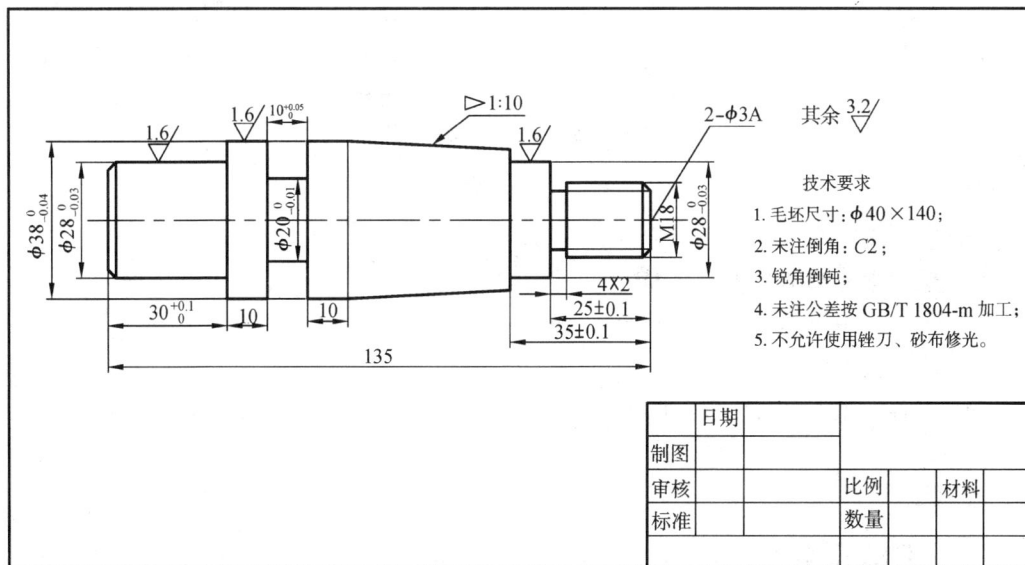

技术要求

1. 毛坯尺寸：$\phi 40 \times 140$；
2. 未注倒角：C2；
3. 锐角倒钝；
4. 未注公差按 GB/T 1804-m 加工；
5. 不允许使用锉刀、砂布修光。

	日期			
制图				
审核		比例		材料
标准		数量		

图 2-1　轴

任务一　阶台轴的编程与加工

任务描述

该任务引导学生学会图 2-2 所示阶台轴零件的工艺编写与程序编制,熟悉数控车削过程,并在教师指导下完成图 2-7 所示双向阶台轴零件的工艺编写、程序编制、数控车削。

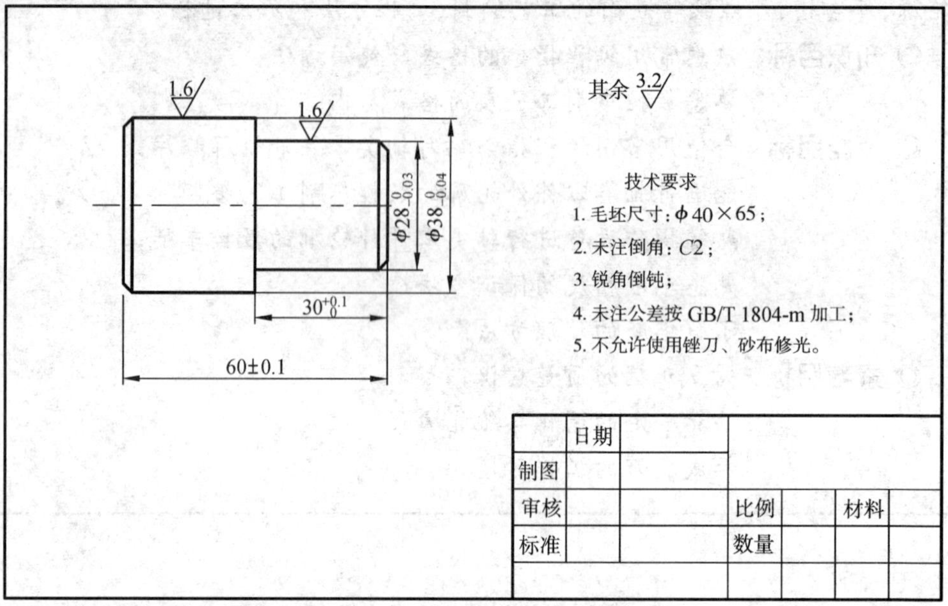

图 2-2　阶台轴

学习目标

1. 熟悉数控车削工艺编制方法。
2. 了解常用简单编程指令的格式与使用方法。
3. 能读懂简单车削程序。
4. 了解加工误差的处理方法。

知识讲解

1. 车削工艺编制

阶台轴数控车削工艺的编制和普通车削工艺的编制方法相似,在编制过程中注意粗、精车阶段不同切削用量的选择。表 2-1 所示为阶台轴的数控车削工艺。

表 2-1　阶台轴的数控车削工艺

数控加工工艺表						
单位名称		产品名称或代号		零件名称		零件图号
		//		阶台轴		2-2
工序号	程序编号	夹具名称		使用设备		车　间
一	00211	三爪卡盘		CAK4085		//
工步	工步内容	刀具号	刀具名称	主轴转速/ (r/min)	进给速度/ (mm/r)	背吃刀量/ mm	备注
1	装夹毛坯，伸出长度 ≥62，校正	//	//	//	//	//	//
2	车端面，车平即可	03	45°偏刀	400	0.2	0.5	//
3	粗车φ38，φ28处， 留1mm余量	02	90°偏刀	400	0.2	1	//
4	半精车φ38，φ28处， 留0.5mm余量	01	90°偏刀	800	0.15	0.25	//
5	精车φ38，φ28处至 尺寸要求	01	90°偏刀	800	0.15	0.25	//
6	倒角，检测，下车	//	//	//	//	//	//
工序号	程序编号	//		//		//
二	//	//		//		//
工步	工步内容	//		//		//
1	掉头装夹φ22外圆 处，校正	//	//	//	//	//	//
2	车端面，保证总长	03	45°偏刀	400	0.2	0.5	//
3	倒角	03	45°偏刀	400	0.2	0.5	//
4	检测，下车	//	//	//	//	//	//
编制		审核		批准		日期

2. 编程指令介绍(一)

（1）指令介绍

阶台轴车削所用指令见表 2-2。

表 2-2　FANUC 系统指令说明(一)

指令		格　式	注　释
准备功能字	快速点定位	G00　X(U)　Z(W)	用于快速定位刀具。X,Z 为终点绝对坐标，U,W 为终点增量坐标(下同)
	直线插补	G01　X(U)　Z(W)　F	用于实现直线切削，F 为进给量(下同)
	外/内径切削循环	G90　X(U)　Z(W)　F	用于实现直线切削循环
		G90　X(U)　Z(W)　R　F	用于实现锥度切削循环。R 为锥面起点相对于终点的半径差
	走刀量单位设定	G98/G99	指定走刀量单位 mm/min 或 mm/r
辅助功能字	暂停	M00/M01	用于在加工过程中设置暂停，便于调整机床，控制车削精度
	主轴正转/反转	M03/M04　S	用于指令主轴正转/反转，S 为转速
	主轴停转	M05	用于指令主轴停转
	程序结束	M30	用于指令程序结束，并使光标返回程序开头

(2) 指令使用说明

① G00。

G00 指令用于指定刀具按系统设定的快速走刀量(一般为 2 000~2 500 mm/min)，快速移动到指定位置。图 2-3 所示为刀具从坐标 X100 Z86.5 处快速移动到 X40 Z56 处。

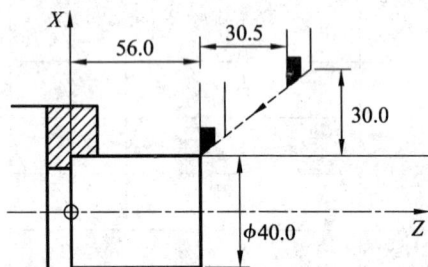

G00×40.0Z56.0;(绝对指令)
或
G00U−60.0W−30.5;(增量指令)

图 2-3　快速点定位走刀示意图

👁 小提示

　　编制数控车削零件时，X 坐标既可以用直径量表征，也可以用半径量表征，为和图纸标注统一，编程人员都习惯采用直径量表征 X 坐标。

在该图示中有两种坐标表达形式，即绝对坐标和增量坐标。

绝对坐标:是指该点的坐标是从坐标原点处度量的。例如，X40 Z56 均是从坐标原点处度量的。

增量(相对)坐标:是指运动终点的坐标是从运动起点处度量的。例如,$U-60$ $W-30.5$ 是从起点 $X100$ $Z86.5$ 处度量的。注意:此处 X 方向的 30 是半径量,实际使用时要乘以 2。

② G01。

G01 指令用于指定刀具按 F 设定的走刀量,移动到指定位置(见图 2-4)。

该图表示刀具从坐标 $X20$ $Z46$ 处,以 20 mm/min 的走刀量从坐标为 $X20$ $Z46$ 处直线插补(切削)到坐标 $X40$ $Z20.1$ 处。

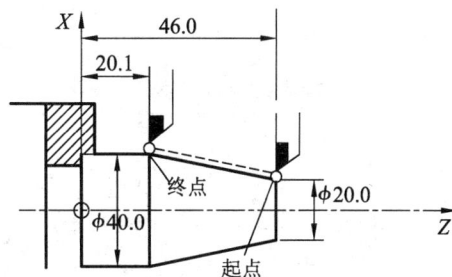

G01×40.0Z20.1F20;(绝对指令)
或
G01U20.0W-25.9F20;(增量指令)

图 2-4 直线插补走刀示意图

例1 试用 G00,G01 指令编制车削 $\phi28\times20$ 的程序片段,毛坯直径 $\phi30$。

根据普通车削的知识可知,车削阶台实际就是指定刀具按照进刀—切削—让刀—退刀的循环进行车削,即先沿径向"进刀"至所需车削直径处,再沿轴向"切削"到所需车削长度处,然后沿径向适度"让刀",最后沿轴向"退刀"。

数控车削就是用指令实现这一过程,即先用 G00 实现"进刀",再用 G01 实现"切削",最后用 G00 实现"让刀"与"退刀"。具体程序片段与刀具移动轨迹示意图见表 2-3。

表 2-3 用 G00,G01 指令车削过程

刀具走刀过程描述	程序片段	刀具移动轨迹示意图
刀具到达初始位置	G00 X30 Z5	(X30 Z5)
进刀 刀具以 G00 的速度快速移动到 X28 Z5 处	G00 X28 Z5	(X28 Z5)

续表

	刀具走刀过程描述	程序片段	刀具移动轨迹示意图
切削	刀具以 0.2mm/r 的进给速度切削到 X28　Z−20 处	G01　X28　Z−20　F0.2	(X28 Z−20)
让刀	刀具以 G00 的速度快速移动到 X30　Z−20 处	G00　X30　Z−20	(X30 Z−20)
退出	刀具以 G00 的速度快速移动到 X30　Z5 处	G00　X30　Z5	(X30 Z5)

③ G90。

G90 指令用于指定刀具按照 F 设定的走刀量,进行直线或锥度的切削循环(见图 2-5)。图 2-5 a 所示为车削阶台的切削循环,图 2-5 b 所示为车削锥度的切削循环。

G90X(U)＿Z(W)＿F＿;　　R……快速移动
　　　　　　　　　　　　F……由F代码指定

G90X(U)＿Z(W)＿F＿;　　R……快速移动
　　　　　　　　　　　　F……由F代码指定

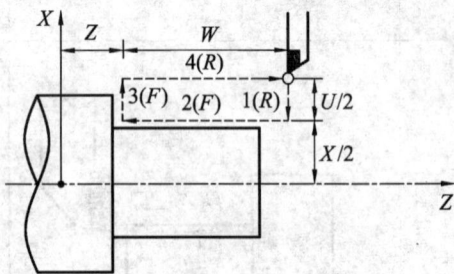

(a) 直线切削循环

(b) 锥形切削循环

图 2-5　外/内径切削循环走刀示意图

例2　试用 G90 指令编制车削 φ28×20 的程序片段,毛坯直径 φ30。

和例1相比,实际就是用一条 G90 指令语句实现进刀—切削—让刀—退刀的四步车削循环。程序片段与刀具移动轨迹示意图见表 2-4。

表 2-4　用 G90 指令车削过程

刀具走刀过程描述	程序片段	刀具移动轨迹示意图
刀具到达初始位置	G00　X30　Z5	
用 G90 指令语句实现四步车削循环	G90　X28　Z—20　F0.2	

想一想

两种编程方法有何异同?

④ G98 与 G99。

G98 用于指定走刀量单位 mm/min,G99 用于指定走刀量单位 mm/r。因两者的数量级是不同的,实际使用中,在指令 F 的数据时,需先加以指定。

⑤ M00 与 M01。

这两个指令均用于指令程序暂停。在实际使用中,M00 是无条件暂停;M01 是选择暂停,需和机床面板的选择停开关配合使用。

⑥ M30。

在编程指令中,用于程序结束的功能字有 M02,M20,M30 等,其中只有 M30 在指令程序结束的同时,使光标返回程序开头,其他均在指令程序结束后,光标仍停留在程序结束处。

小提示

虽然指令代码已由一系列标准加以规范,但是不同的数控系统之间、相同系统不同系列产品之间,指令的含义、格式还是略有区别的,在使用时须先熟读所使用设备的说明书,切忌盲目使用。

（3）零件车削程序分析

阶台轴数控车削程序与注释见表 2-5，编程原点设置在工件前端面的回转中心。

表 2-5　阶台轴数控车削程序与注释（一）

工步	程序清单		注　释	
	N10　G99		指定走刀量单位 mm/r	
	N20　M03　S400		指定主轴按 400 r/min 的转速正转	
	N30　T0202		选 2 号刀具，调用 2 号刀具补偿值	
	N40　G00　X50　Z100		指定 2 号刀具快速移动到安全位置	
	N50　G00　X39　Z5	进刀	指定 2 号刀具快速移动到加工起点	
	N60　G01　X39　Z－60　F0.2	切削	指定 2 号刀具以 0.2 mm/r 插补到 X39　Z－60 处	
	N70　G00　X40　Z－60	让刀	指定 2 号刀具让出切削表面	
	N80　G00　X40　Z5	退出	指定 2 号刀具沿 X 方向退刀	
	N90　G00　X37　Z5	进刀		
	N100　G01　X37　Z－29.7　F0.2	切削	G90　X37　Z－29.7　F0.2	
	N110　G00　X38　Z－29.7	让刀		
	N120　G00　X38　Z5	退出		
	N130　G00　X35　Z5	进刀		
粗车φ38，φ28 处，留 1 mm 余量	N140　G01　X35　Z－29.7　F0.2	切削	G90　X35　Z－29.7　F0.2	
	N150　G00　X36　Z－29.7	让刀		
	N160　G00　X36　Z5	退出		
	N170　G00　X33　Z5	进刀		
	N180　G01　X33　Z－29.7　F0.2	切削	G90　X33　Z－29.7　F0.2	
	N190　G00　X34　Z－29.7	让刀		
	N200　G00　X34　Z5	退出		
	N210　G00　X31　Z5	进刀		
	N220　G01　X31　Z－29.7　F0.2	切削	G90　X31　Z－29.7　F0.2	
	N230　G00　X32　Z－29.7	让刀		
	N240　G00　X32　Z5	退出		
	N250　G00　X29　Z5	进刀		
	N260　G01　X29　Z－29.7　F0.2	切削	G90　X29　Z－29.7　F0.2	
	N270　G00　X30　Z－29.7	让刀		
	N280　G00　X30　Z5	退出		
	N290　G00　X50　Z100		指定 2 号刀具快速退回安全位置	
	N300　M05　M00		主轴停转、程序暂停	

续表

工步	程序清单	注　释
半精车φ38，φ28处，留0.5 mm余量	N310　M03　S800	指定主轴按 800 r/min 的转速正转
	N320　T0101	选 1 号刀具,调用 1 号刀具补偿值
	N330　G00　X50　Z100	指定 1 号刀具快速移动到安全位置
	N340　G00　X28.49　Z5	指定 1 号刀具快速移动到加工起点
	N350　G01　X28.49　Z−29.9　F0.15	指定 1 号刀具以 0.15 mm/r 插补到 X28.49 Z−29.9 处
	N360　G01　X38.48　Z−29.9　F0.15	指定 1 号刀具以 0.15 mm/r 插补到 X38.48 Z−29.9 处
	N270　G01　X38.48　Z−60　F0.15	指定 1 号刀具以 0.15 mm/r 插补到 X38.48 Z−60 处
	N380　G00　X39　Z−60	指定 1 号刀具让出切削表面
	N390　G00　X50　Z100	指定 1 号刀具快速退回安全位置
	N400　M05　M00	主轴停转、程序暂停
精车φ38，φ28处至尺寸要求	N410　M03　S800	指定主轴按 800 mm/r 的转速正转
	N420　T0101	选 1 号刀具,调用 1 号刀具补偿值
	N430　G00　X50　Z100	指定 1 号刀具快速移动到安全位置
	N440　G00　X27.99　Z5	指定 1 号刀具快速移动到加工起点
	N450　G01　X27.99　Z−30　F0.15	指定 1 号刀具以 0.15 mm/r 插补到 X27.99 Z−30 处
	N460　G01　X37.98　Z−30　F0.15	指定 1 号刀具以 0.15 mm/r 插补到 X37.98 Z−30 处
	N470　G01　X37.98　Z−60　F0.15	指定 1 号刀具以 0.15 mm/r 插补到 X37.98 Z−60 处
	N480　G00　X39　Z−60	指定 1 号刀具让出切削表面
	N490　G00　X50　Z100	指定 1 号刀具快速退回安全位置
	N500　M05	主轴停转
	N510　M30	程序结束并返回开头

加油站

（1）数控车床车削工件，并不是所有工步都用编程完成的。本例中，仅针对零件的粗车、半精车与精车三个工步使用编程的手段完成加工，而车削端面、倒角、去毛刺等工步则用手动的方式完成。

（2）编程中精车尺寸是按照图纸中尺寸公差的中差获得的。例如，$\phi 38$ 的尺寸，按标注的公差，其变动范围在 $\phi 38.00$ 和 $\phi 37.96$ 之间，中差应为 $\phi 37.98$。

半精车尺寸是按精车尺寸加 0.5 mm 获得的，同样，对于 $\phi 38$ 的尺寸，在半精车时应为 $\phi 38.48$。

（3）为便于掌握程序，精车的走刀路线如图 2-6 所示。大家可以参照描画粗车、半精车走刀路线，以加深对程序的理解。

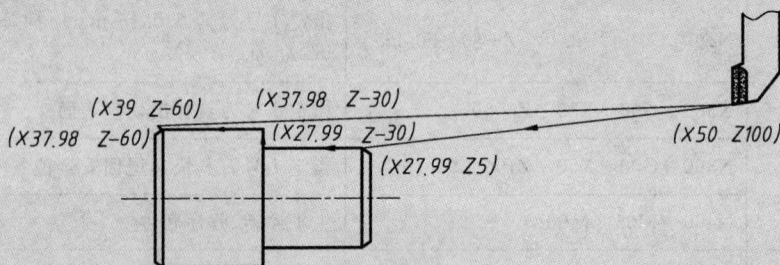

图 2-6　精车走刀路线示意图

（4）车削误差的消除

阶台轴的程序中，设置了两次暂停，既是对零件的粗车、半精车与精车三个工步进行区分，也用于零件的检测和刀具参数的修调。

第一次暂停是对粗车后的零件进行检测，此时两处外圆的理论尺寸应是 $\phi 39$ 和 $\phi 29$，如果超差在 ±0.10 mm 范围内，根据实际情况，可以考虑不修调刀具参数，但如果超差较大，应考虑二次对刀或对刀具参数进行修调。

第二次暂停是对半精车后的零件进行检测，此时两处外圆的理论尺寸应是 $\phi 38.48$ 和 $\phi 28.49$，为保证车削精度，测量值应和理论值一致。如果有偏差，可以参照下面方法进行刀具参数的修调。

例如，此时实际测量值为 $\phi 38.52$ 和 $\phi 28.53$，均比理论尺寸大 0.04。一般有两种方法可以修调。

方法一：打开刀具几何偏置画面（见图 1-30），光标移动到对应的刀具补偿号（G001），在 X 列输入 −0.04，按软键"＋输入"即可完成刀具参数的修调。

方法二：打开刀具磨损偏置画面（见图 1-31），光标移动到对应的磨损补偿号（W001），在 X 列输入 −0.04，按软键"输入"即可完成刀具参数的修调。

（5）简化编程

表 2-5 所提供的程序是用简单编程指令完成的，在实际编程时，可以使用简化语句，利用数控系统提供的自保持功能，即模态指令一直有效保持到出现同组指令的特征，将程

序简化为表 2-6 的程序,请仿照表 2-5 写出对应的程序注释。

表 2-6　阶台轴数控车削程序与注释(二)

工步	程序清单	注　释
粗车φ38, φ28处,留 1 mm余量	N10　G99	
	N20　M03　S400	
	N30　T0202	
	N40　G00　X50　Z100	
	N50　X40　Z5	
	N60　G90　X39　Z－60　F0.2	
	N70　X37　Z－29.7	
	N80　X35	
	N90　X33	
	N100　X31	
	N110　X29	
	N120　G00　X50　Z100	
	N130　M05　M00	
半精车φ38, φ28处,留 0.5 mm余量	N140　M03　S800	
	N150　T0101	
	N160　G00　X50　Z100	
	N170　X28.49　Z5	
	N180　G01　Z－29.9　F0.15	
	N190　X38.48	
	N200　Z－60	
	N210　G00　X39	
	N220　X50　Z100	
	N230　M05　M00	
精车φ38, φ28处至 尺寸要求	N240　M03　S800	
	N250　T0101	
	N260　G00　X50　Z100	
	N270　X27.99　Z5	
	N280　G01　Z－30　F0.15	
	N290　X37.98	
	N300　Z－60	
	N310　G00　X39	
	N320　X50　Z100	
	N330　M05	
	N340　M30	

任务实施

1. 准备工作

车削阶台轴的准备事项见表 2-7。

表 2-7　车削阶台轴的准备事项

准备事项	准备内容
设备	数控车床
刀具	45°车刀、90°车刀等
材料	45#钢(ϕ40×65，ϕ40×85 各一段)
量具	游标卡尺、千分尺等
辅具	垫刀片、常用工具等

2. 操作步骤

（1）阶台轴的车削训练

零件的加工过程(参照项目一任务六)包含以下步骤，请大家依次完成。

① 开机(详见项目一任务三)。

② 回参考点(详见项目一任务三)。

③ 输入阶台轴程序并核对(详见项目一任务四)。

④ 空运行检查程序并修改(详见项目一任务四)。

⑤ 安装刀具和毛坯。

a. 安装刀具。

根据车削工艺，应将精车用 90°偏刀安装在 1 号刀位，粗车用 90°偏刀安装在 2 号刀位，45°偏刀安装在 3 号刀位，并注意刀具的伸出长度和高度。

b. 安装毛坯。

根据零件的车削工艺，毛坯的伸出长度应≥62 mm。

⑥ 车端面。

用 45°偏刀对工件端面进行车削，此处端面车平即可。

⑦ 对刀。

按照项目一任务五的操作步骤，依次对 01 号刀具和 02 号刀具进行对刀操作，并将对刀数据输入对应的位置。

⑧ 零件加工并检测。

确认前述步骤均无误，将刀具移动到安全位置，按项目一任务六的步骤进行零件的加工。在粗车和半精车暂停时，分别对零件进行测量，并根据测量结果修调刀具数据。

⑨ 倒角、去毛刺。

精车无误后，用 45°偏刀进行倒角、去毛刺车削。

加油站

倒角 C2 表示角度为 45°、轴向长度为 2 mm。

刀具安装时应使刀具的实际主偏角为 45°，操作时应控制 Z 向长度为 2 mm。

⑩ 掉头。

按照车削工艺，掉头装夹 ϕ 22 外圆处并校正，用 45° 偏刀车削端面，保证总长（60±0.1)mm，并倒角、去毛刺车削。

⑪ 清洁、保养机床。

按照项目一任务二所列的数控车床保养的要求，对车床进行保养，并完成车床及周边环境的清洁工作。

⑫ 关机。

依次关闭系统电源开关、主电源开关，完成数控车床的关机动作（详见项目一任务三）。

（2）双向阶台轴的编程与车削训练

对照阶台轴的实施步骤，完成图 2-7 所示双向阶台轴的工艺编制、程序编写、车削加工，并在教师的组织下进行测评。

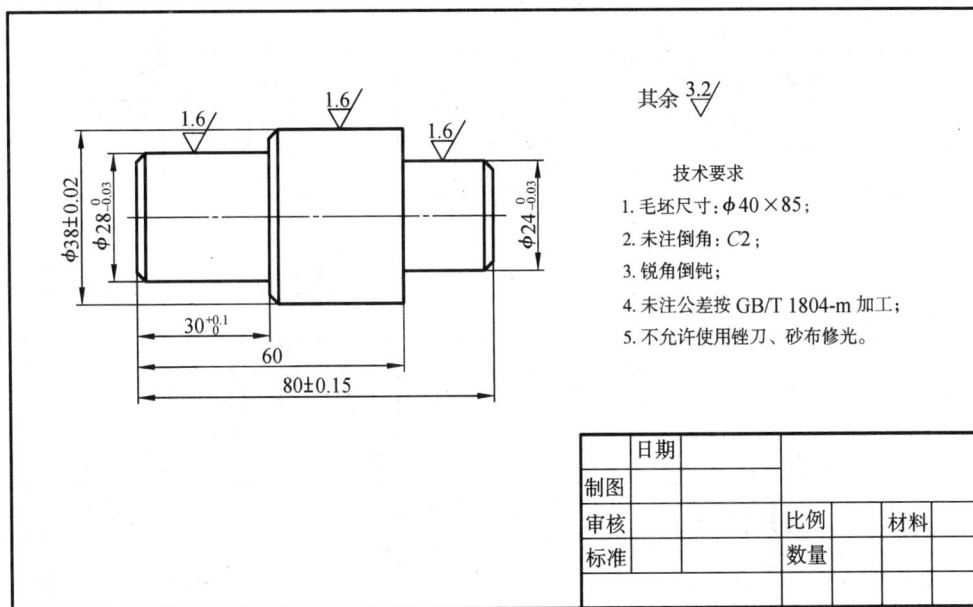

图 2-7 双向阶台轴

1. 工艺编制

在教师的组织下自行填写双向阶台轴工艺表 2-8。

表 2-8　双向阶台轴工艺

数控加工工艺表						
单位名称		产品名称或代号		零件名称		零件图号
工序号	程序编号	夹具名称		使用设备		车　间
一						
工步	工步内容	刀具号	刀具名称	主轴转速/(r/min)	进给速度/(mm/r)	背吃刀量/mm	备注
1						
2						
3						
4						
5						
6						
7						
8						
9						
10						
工序号	程序编号					
二						
工步	工步内容					
1						
2						
3						
4						
5						
6						
7						
8						
9						
10						
编制		审核		批准		日期

2. 程序编写

在教师的组织下自行填写双向阶台轴程序表 2-9、表 2-10。

表 2-9　双向阶台轴左侧程序与注释

工步	程序清单	注　释

表 2-10　双向阶台轴右侧程序与注释

工步	程序清单	注　释

3. 工件测评

按照图样要求,逐项检测并填写双向阶台轴评分表 2-11。

表 2-11 双向阶台轴评分表

零件			姓名		成绩		
项目	序号	考核内容和要求	配分	评分标准		检测结果	得分
工艺	1	工艺编写规范、加工路线设计正确	10	加工路线设计不正确,每处酌情扣 2~5 分			
	2	刀具、切削用量选择正确	10	刀具、切削用量选择不正确,每处酌情扣 2~5 分			
编程	3	程序编写规范、指令应用正确	10	指令应用不正确,每处酌情扣 2~5 分			
外圆	4	$\phi 38\pm0.02$	8	每超差 0.01 扣 1 分;超差 0.04 以上不得分			
	5	$\phi 28_{-0.03}^{0}$	8				
	6	$\phi 24_{-0.03}^{0}$	8				
长度	7	$30_{0}^{+0.1}$	6	每超差 0.02 扣 1 分;超差 0.06 以上不得分			
	8	80 ± 0.15	5				
	9	60	5				
其他	10	$C2$(3 处)	5×3	不合格不得分			
	11	表面粗糙度 $Ra1.6$	5×3	降级不得分			
安全文明生产	12	无违章操作		有违章项,每次酌情扣 2~5 分			
	13	无撞刀及其他事故		有事故项,每次酌情扣 5~10 分			
	14	机床清洁保养		未清洁保养酌情扣 10~15 分			
需改进的地方							
教师评语							
学生签名				小组长签名			
日期				教师签名			

任务二   外轮廓的编程与加工

任务描述

该任务引导学生学会图 2-8 所示锥度轴(一)零件的工艺编写与程序编制,并在教师指导下完成图 2-14 所示锥度轴(二)零件的工艺编写与程序编制。

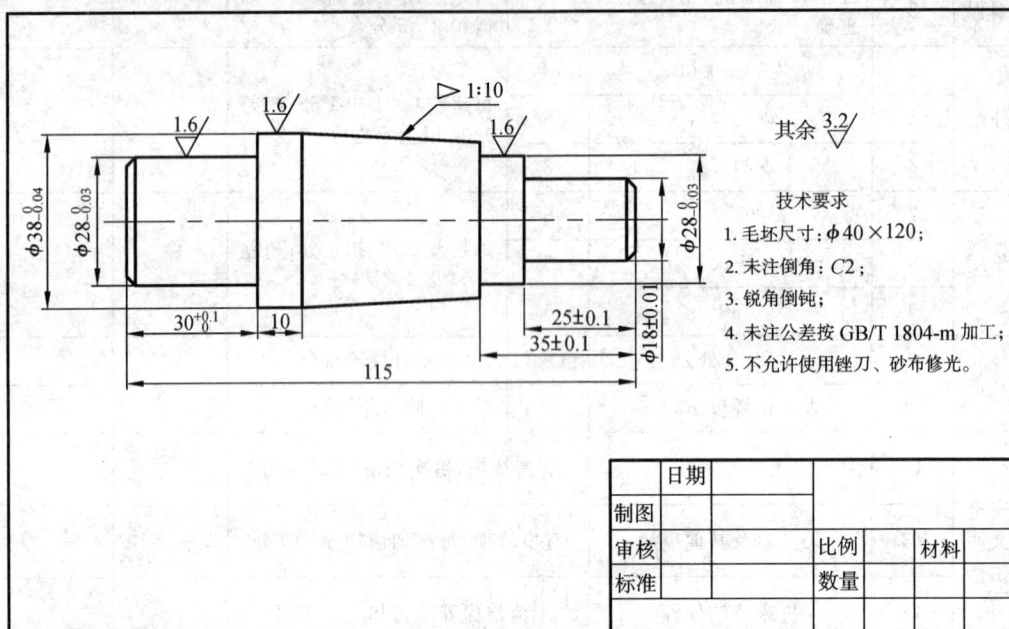

其余 3.2

技术要求
1. 毛坯尺寸:$\phi 40 \times 120$;
2. 未注倒角:$C2$;
3. 锐角倒钝;
4. 未注公差按 GB/T 1804-m 加工;
5. 不允许使用锉刀、砂布修光。

	日期			
制图				
审核		比例		材料
标准		数量		

图 2-8 锥度轴(一)

学习目标

1. 会编制数控车削工艺。
2. 熟悉轮廓切削循环指令的格式和使用方法。
3. 能读懂简单车削程序。
4. 能进行加工误差的处理。

知识讲解

1. 车削工艺编制

图 2-8 所示锥度轴(一)的车削工艺分为两个工序(见表 2-12),其中工序一完成零件

的左侧阶台部分,该部分工艺的编制和任务一中阶台轴类似(表中不再出现,留给学生自行补充完整);工序二完成零件的右侧部分,该部分和普通车削工艺有所区别,是利用轮廓切削循环指令连贯完成轮廓车削的。

表 2-12　锥度轴(一)的车削工艺

数控加工工艺表							
单位名称		产品名称或代号		零件名称		零件图号	
工序号	程序编号	夹具名称		使用设备		车　间	
一	00221						
工步	工步内容	刀具号	刀具名称	主轴转速/(r/min)	进给速度/(mm/r)	背吃刀量/mm	备注
1							
2							
3							
4							
5							
6							
工序号	程序编号	//	//	//	//	//	//
二	00222	//	//	//	//	//	//
工步	工步内容	//	//	//	//	//	//
1	掉头装夹φ22外圆处,校正	//	//	//	//	//	//
2	车端面,保证总长	03	45°偏刀	400	0.2	0.5	//
3	粗车右侧轮廓,留0.5 mm余量	02	90°偏刀	400	0.2	1	//
4	精车右侧轮廓至尺寸要求	01	90°偏刀	800	0.15	0.25	//
5	倒角,检测,下车	//	//	//	//	//	//
编制		审核		批准		日期	

2. 编程指令介绍(二)

(1) 指令介绍

锥度轴车削使用的编程指令见表 2-13。

表 2-13 FANUC 系统指令说明(二)

指　　令	格　　式	注　　释
顺/逆时针圆弧插补	G02/03　X(U)　Z(W)　R　F	用于实现顺/逆时针圆弧切削。R 为半径
	G02/03　X(U)　Z(W)　I　K　F	用于实现顺/逆时针圆弧切削。I,K 为圆心坐标
粗车循环	G71　U(Δd)　R(e)　　　　　　　　G71　P(ns)　Q(nf)　U(Δu)　W(Δw)　F(f)　S(s)　T(t)	用于实现粗车切削循环。Δd 为每刀切削深度,e 为让刀量,ns 为精车的第一个程序段,nf 为精车的最后一个程序段,Δu 为 X 方向精车余量,Δw 为 Z 方向精车余量
精车循环	G70　P(ns)　Q(nf)	用于实现精车切削循环。ns 为精车的第一个程序段,nf 为精车的最后一个程序段

(2) 指令使用说明

① G02/G03。

G02/G03 用于指定刀具按顺时针或逆时针方向进行圆弧切削,如图 2-9 所示。

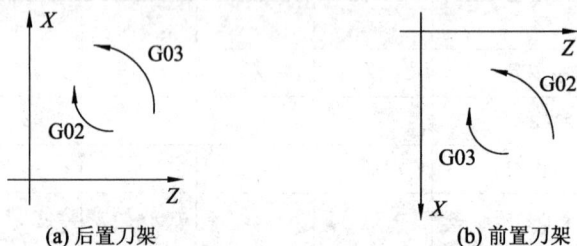

(a) 后置刀架　　　　　　　　　(b) 前置刀架

图 2-9 顺时针与逆时针的方向

如果使用半径编程,当圆弧圆心角小于或等于 180°时,程序中的 R 用正值表示。当圆弧圆心角大于 180°并小于 360°时,R 用负值表示。

例如,同样从点 A 圆弧插补到点 B(见图 2-10),沿路线 1 时,R 为 50;沿路线 2 时,R 为 -50。

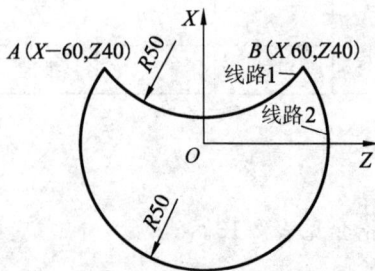

图 2-10 圆弧半径 R 正负值的确定

如果使用圆心坐标编程，I 是指圆心相对起点的 X 坐标，K 是指圆心相对起点的 Z 坐标(见图 2-11)。图中，I，K 均为负值。

② G71。

G71 用于指定刀具根据描述的轮廓，按照给定的参数，沿着与 Z 轴平行的方向，通过多次进刀—切削—退刀，完成零件的粗车，并预留精车余量(见图 2-12)。

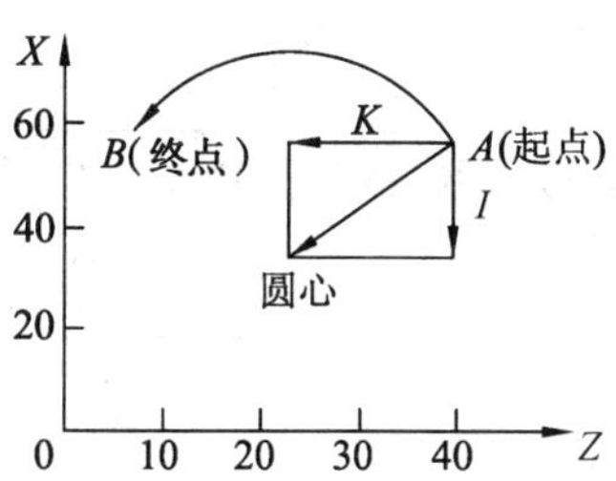

图 2-11 I，K 值的判断

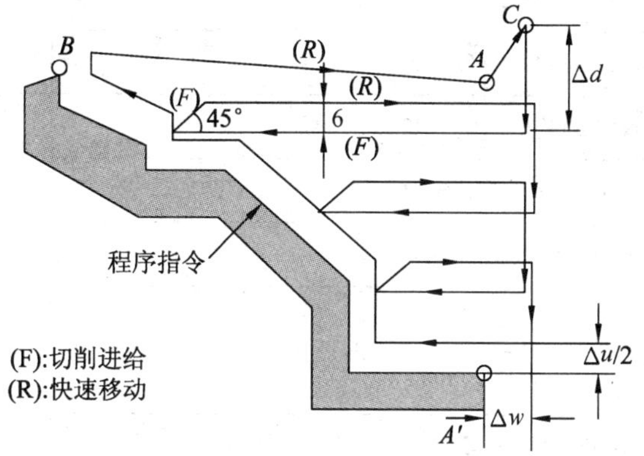

图 2-12 粗车循环的切削轨迹

图中点 A 到点 B 的轮廓用 $N(ns)$ 到 $N(nf)$ 之间的程序加以描述。每刀切削用量、精车余量等都由对应的参数设定。

3. 零件车削程序分析

根据加工工艺，锥度轴(一)的车削程序有两个，分别用于车削零件的左侧和右侧，左侧程序请自行编写，填入表 2-14；右侧程序见表 2-15，请将注释补充完整，程序的编程原点均设置在工件前端面的回转中心。

表 2-14 锥度轴(一)左侧数控车削程序与注释

程序清单(O0221)	注 释

表 2-15 锥度轴(一)右侧数控车削程序与注释

程序清单(O0222)	注 释
N10 G99	
N20 M03 S400	
N30 T0202	
N40 G00 X50 Z100	
N50 G71 U1 R0.5	设置粗车循环每刀进刀与退刀量
N60 G71 P110 Q180 U0.5 W0.2 F0.2	设置粗车循环走刀轨迹、精车余量、进给量
N70 M03 S800	
N80 T0101	
N90 G00 X50 Z100	
N100 X14 Z5	
N110 G01 X14 Z0	
N120 X18 Z—2	
N130 Z—25	
VN140 X28	
N150 Z—35	精车轨迹描述
N160 X34	
N170 X38 Z—75	
N180 X40	设定毛坯直径
N190 M05	
N200 M00	
N210 G70 P70 Q180	精车循环
N220 M05	
N230 M30	

加油站

用 G71 循环编写程序,一般分为以下 3 个步骤。

① 计算。

根据图纸,沿 Z 向依次计算刀具所经过的基点的坐标。图 2-13 所示为锥度轴(一)右侧刀具所经过的基点,坐标见表 2-16。

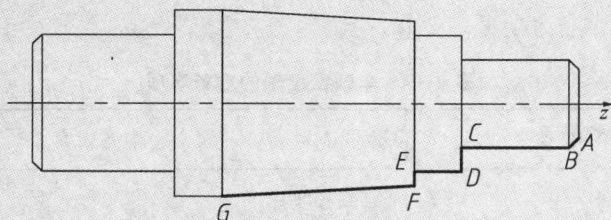

图 2-13 锥度轴(一)右侧刀具所经过的基点

表 2-16 基点坐标

基点	X 坐标	Z 坐标	基点	X 坐标	Z 坐标
A	14	0	E	28	−35
B	18	−2	F	34	−35
C	18	−25	G	38	−75
D	28	−25			

② 连点。

沿 Z 向用 G01 或 G02/G03,依次"连接"刀具所经过的基点。如果图纸中是直线轨迹就用 G01 连接,如果图纸中是圆弧轨迹就用 G02/G03 连接。图 2-13 中各基点连接后得到的程序片段见表 2-17,简化后的程序片段见表 2-18。

表 2-17 "连接"基点的程序片段

G01	X14	Z0
G01	X18	Z−2
G01	X18	Z−25
G01	X28	Z−25
G01	X28	Z−35
G01	X34	Z−35
G01	X38	Z−75

表 2-18 简化后的程序片段

G01	X14	Z0
X18	Z−2	
Z−25		
X28		
Z−35		
X34		
X38	Z−75	

③ 加头尾。

加上程序的开头、结尾以及必要的参数,并将程序补充完整(见表 2-14)。

4. 车削误差的预防

任务一采用先半精车再精车的方法预防车削误差。本任务精车是一次性完成的,需通过对刀的准确性来预防车削误差。

任务实施

1. 准备工作

车削锥度轴的准备事项见表 2-19。

表 2-19　车削锥度轴的准备事项

准备事项	准备内容
设备	数控车床
刀具	45°车刀、90°车刀等
材料	45 # 钢(ϕ 40×120 两段)
量具	游标卡尺、千分尺、R 规、万能角度尺等
辅具	垫刀片、常用工具等

2. 操作步骤

(1) 锥度轴(一)的车削训练

零件的加工过程包含以下步骤,请大家依次完成。

① 开机。

② 回参考点。

③ 输入左侧和右侧程序并核对。

④ 空运行检查左侧和右侧程序并修改。

⑤ 安装刀具和毛坯。

先车削左侧,注意毛坯的伸出长度。

⑥ 车端面。

用 45°偏刀对工件端面进行车削,此处端面车平即可。

⑦ 对刀。

⑧ 零件加工并检测。

⑨ 倒角、去毛刺。

⑩ 掉头。

按照车削工艺,掉头装夹 ϕ 28 外圆处并校正,用 45°偏刀车削端面,保证总长 115 mm。

⑪ 对刀。

因工件的伸出长度发生了变化,此处应对 1 号刀和 2 号刀重新对刀,以将编程原点设定到工件前端面的回转中心。

⑫ 零件加工并检测。

⑬ 倒角、去毛刺。

因前端 C2 的倒角已包含在所编写的程序中,所以只需进行毛刺的去除。

⑭ 清洁、保养机床。

⑮ 关机。

(2) 锥度轴(二)的编程与车削训练

依次完成图 2-14 所示锥度轴(二)的工艺编制、程序编写、车削加工,并在教师的组织下进行测评。

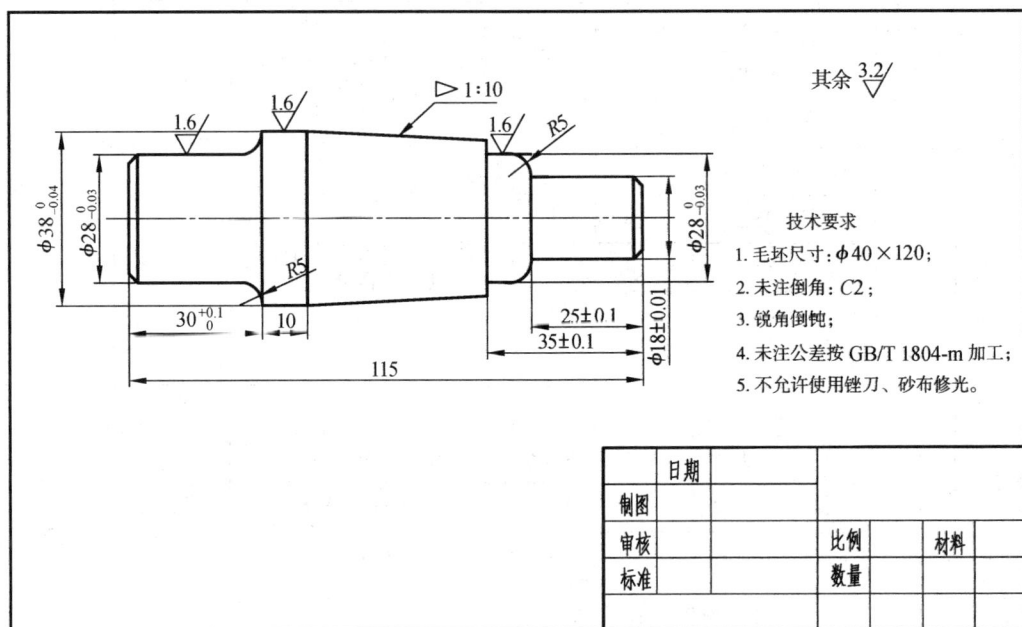

图 2-14　锥度轴(二)

① 工艺编制(自行绘制表格完成)。

② 程序编写(自行绘制表格完成)。

小提示

该零件的两侧均可用轮廓循环进行程序的编写。

③ 工件测评。

按照图样要求,逐项检测并填写锥度轴(二)评分表 2-20。

表 2-20 锥度轴(二)评分表

零件			姓名		成绩		
项目	序号	考核内容和要求	配分	评分标准		检测结果	得分
工艺	1	工艺编写规范、加工路线设计正确	10	加工路线设计不正确,每处酌情扣 2～5 分			
	2	刀具、切削用量选择正确	10	刀具、切削用量选择不正确,每处酌情扣 2～5 分			
编程	3	程序编写规范、指令应用正确	10	指令应用不正确,每处酌情扣 2～5 分			
外圆	4	$\phi 38_{-0.04}^{0}$	6	每超差 0.01 扣 1 分;超差 0.04 以上不得分			
	5	$\phi 28_{-0.03}^{0}$	6×2				
	6	$\phi 18\pm 0.01$	4				
长度	7	$30_{0}^{+0.1}$	4	每超差 0.02 扣 1 分;超差 0.06 以上不得分			
	8	25 ± 0.1	4				
	9	35 ± 0.1	4				
	10	10	3				
	11	115	3				
其他	12	锥度 1：10	5	不合格不得分			
	13	$R5$	5×2	不合格不得分			
	14	$C2$(3 处)	2×3	不合格不得分			
	15	表面粗糙度 $Ra1.6$	3×3	降级不得分			
安全文明生产	16	无违章操作		有违章项,每次酌情扣 2～5 分			
	17	无撞刀及其他事故		有事故项,每次酌情扣 5～10 分			
	18	机床清洁保养		未清洁保养酌情扣 10～15 分			
需改进的地方							
教师评语							
学生签名				小组长签名			
日期				教师签名			

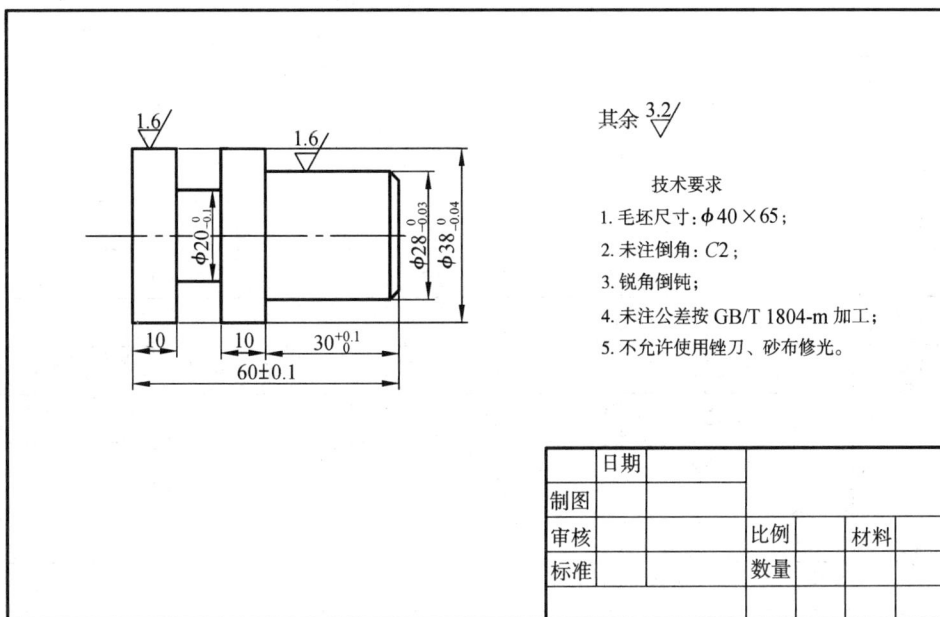
图 2-15 矩形槽

任务三 槽的编程与加工

任务描述

该任务引导学生学会图 2-15 所示矩形槽的工艺编写与程序编制,并在教师指导下完成图 2-16 所示梯形槽零件的工艺编写与程序编制。

学习目标

1. 会编制数控车削工艺。

2. 熟悉槽的编程与车削方法。

3. 了解程序中断的处理方法。

知识讲解

1. 矩形槽的车削工艺

图 2-15 所示槽的车削工艺分为两个工序(见表 2-21),其中工序一完成零件的右侧阶

台部分,该部分工艺的编制和任务一中阶台轴类似(表中不再出现,留给学生自行补充完整);工序二完成零件的左侧部分,左侧部分槽的车削和普通车削工艺类似,是利用切槽刀分粗切和精切完成的。

表 2-21　矩形槽的车削工艺

数控加工工艺表							
单位名称		产品名称或代号		零件名称		零件图号	
工序号	程序编号	夹具名称		使用设备		车　间	
一	00231						
工步	工步内容	刀具号	刀具名称	主轴转速/(r/min)	进给速度/(mm/r)	背吃刀量/mm	备注
1							
2							
3							
4							
5							
6							
工序号	程序编号	//	//	//	//	//	//
二	00232	//	//	//	//	//	//
工步	工步内容	//	//	//	//	//	//
1	掉头装夹φ28外圆处,校正	//	//	//	//	//	//
2	车端面,保证总长	03	45°偏刀	400	0.2	0.5	//
3	粗车φ38外圆至φ38.5	02	90°偏刀	400	0.2	1	//
4	精车φ38外圆至尺寸要求	01	90°偏刀	800	0.15	0.25	//
5	粗车槽	04	切槽刀	400	0.15	按刀宽	//
6	精车槽至尺寸要求	04	切槽刀	600	0.10	0.10	//
7	去毛刺,检测,下车	//	//	//	//	//	//
编制		审核		批准		日期	

2. 槽的编程方法

用数控车床车削槽的方法类似于普通车床车削槽的方法,即粗车采用分层多刀的方法将槽粗车成型并留一定的精车余量,精车则按槽廓修光各表面。编写槽的程序就是用数控指令实现粗车和精车的走刀路线。

下面就以用宽度为 3.5 mm 的切槽刀车削图 2-15 所示的矩形槽为例来说明槽的加工程序的编制方法。

（1）粗车

先确定刀位点，因为切槽刀有左右两个刀尖，在编程与对刀时需确定以哪个刀尖作为刀位点来指示刀具的移动位置。一般以左侧刀尖作为刀位点，只有在有特殊要求时才使用右侧刀尖。

再确定如何分层，根据图纸知道槽宽为 10 mm，而使用的切槽刀宽度为 3.5 mm，沿轴向应分为三次车削。本例中只沿轴向分层，对于深度较深的槽还要考虑沿径向分层。

最后确定预留的精车余量，本例中槽侧和槽底各预留 0.1 mm 的精车余量。

根据上述分析，粗车矩形槽的程序片段和走刀示意图见表 2-22。

表 2-22　粗车矩形槽的程序片段和走刀示意

程　　序	注　　释	走刀示意
G00　X40　Z－13.6	刀具快速运动到 X40　Z－13.6 处。 此处 X40 是根据前道工步，外圆已车至 ϕ38确定的；Z－13.6 是根据槽左侧的外圆 10 mm 宽、切槽刀 3.5 mm 宽和精车余量 0.1 mm 宽确定的	
G01　X20.2　F0.15	刀具沿径向车削到 ϕ 20.2 处，走刀量为 0.15 mm/min。 此处 ϕ 20.2 是根据精车余量（单边）0.1 mm确定的	
G00　X40	刀具沿径向退至 X40 处。 此时完成了第一次车削	
G00　Z－17.1	刀具沿轴向移动到 Z－17.1 处。 Z－17.1 是根据第一次车削的位置加上切槽刀 3.5 mm 宽确定的	
G01　X20.2	刀具沿径向车削到 ϕ20.2 处，走刀量仍为 0.15 mm/min	

续表

程序	注释	走刀示意
G00　X40	刀具沿径向退至 $X40$ 处。 此时完成了第二次车削	
G00　Z−19.9	刀具沿轴向移动到 $Z-19.9$ 处。 $Z-19.9$ 是根据精车余量 0.1 mm 宽确定的	
G01　X20.2	刀具沿径向车削到 $\phi 20.2$ 处，走刀量仍为 0.15 mm/min	
G00　X40	刀具沿径向退至 $X40$ 处。 此时完成了第三次车削	

（2）精车

槽的精车是让切槽刀沿槽的实际轮廓走刀，车削出槽的形状，同时保证槽的精度。程序与注释见表 2-23（大家可参照表 2-22 描画走刀轨迹以加深对程序的理解）。

表 2-23　矩形槽精车程序片段与注释

程　序	注　释
G00　X40　Z−13.5	快速点定位到车槽的起点
G01　X20　F0.1	精车槽右侧
Z−20	精车槽底
X40	精车槽左侧

（3）尺寸保证

槽的车削需要保证很多和槽相关的尺寸，包括槽的宽度、槽的深度（槽底的直径）、两侧槽肩的厚度。

在实际编程时，粗、精车之间需要安排暂停，进行和槽相关的各尺寸的测量，根据测量数据，及时调整编程尺寸或刀具参数，以保证槽车削后尺寸的精确性（参见表 2-25）。

3. 矩形槽的车削程序分析

根据加工工艺,矩形槽的车削程序有两个,分别用于车削零件的左侧和右侧,右侧程序请自行编写,填入表 2-24;左侧程序见表 2-25,请将注释补充完整,程序的编程原点均设置在工件前端面的回转中心。

表 2-24 矩形槽右侧程序与注释

程序清单(O0231)	注　释

表 2-25　矩形槽左侧程序与注释

程序清单（O0232）	注　　释
N10　G99	
N20　M03　S400	
N30　T0202	
N40　G00　X50　Z100	
N50　X38.5　Z5	
N60　G01　Z—30　F0.2	
N70　G00　X50	
N80　Z100	
N90　M05	
N100　M00	
N110　M03　S800	
N120　T0101	
N130　G00　X38　Z5	
N140　G01　Z—30　F0.15	
N150　G00　X40	
N160　Z100	
N170　M05	
N180　M00	
N190　M03　S400	
N200　T0404	
N210　G00　X40　Z—13.6	
N220　G01　X20　F0.15	
N230　G00　X40	
N240　G00　Z—17.1	
N250　G01　X20.2	
N260　G00　X40	
N270　G00　Z—19.9	
N280　G01　X20.2	
N290　G00　X40	
N300　X50　Z100	
N310　M05	
N320　M00	
N330　M03　S600	
N340　G00　X40　Z—13.5	
N350　G01　X20　F0.1	
N360　Z—20	
N370　X40	
N380　G00　X50　Z100	
N390　M05	
M400　M30	

4. 中断的处理方法

数控加工过程中,常会出现一些意外情况,需要及时中断程序的运行。故障排除后,又需要迅速启动程序。在数控机床操作过程中,中断零件程序及中断以后的再定位和恢复加工,有许多方法可以实现。表 2-26 介绍了几种常用的中断方法和恢复加工的手段。

表 2-26　常用中断方法及恢复手段

中断方法		恢复手段	说　明
编程中断	在程序当中写入 M00 或 M01,当程序运行到该处时,加工被停止	通过选择机床控制面板上的循环启动按钮，即可继续执行零件程序。此时程序从 M00 或 M01 的下一句开始	该方法是根据程序的实际情况由编程人员预先设定的,常用于调试程序。如果用 M01 指令,所使用机床控制面板上需配置选择停止键。当程序运行正常后,可删除或屏蔽该指令,以使程序能连续运行
复位停止	按下系统控制面板上的复位键 RESET 即可停止零件的加工程序	打开需要运行的程序,移动光标或检索到程序中断处,按下机床控制面板上的循环启动按钮，即可继续执行零件程序,也可重新运行程序	该方法经常使用,但需注意重新加工时机床、刀具的状态。对初学者,建议重新运行程序,以确保安全
紧急停止	按下机床控制面板上的紧急停止按钮，即可停止零件程序	先重新启动机床,再按车削零件的操作步骤,重新进行车削	此种方法是通过迫使机床断电,来达到终止运行的目的,所以除非万不得已,尽量不使用该法

▮▮▮ 任务实施

1. 准备工作

车削槽的准备事项见表 2-27。

表 2-27　车削槽的准备事项

准备事项	准备内容
设备	数控车床
刀具	45°车刀、90°车刀、切槽刀等
材料	45♯钢(φ40×65 两段)
量具	游标卡尺、千分尺、万能角度尺等
辅具	垫刀片、常用工具等

2. 操作步骤

(1) 矩形槽的车削训练

零件的加工过程包含以下步骤,请大家依次完成。

① 开机。

② 回参考点。

③ 输入左侧和右侧程序并核对。

④ 空运行检查左侧和右侧程序并修改。

⑤ 安装刀具和毛坯。

先车削右侧,注意毛坯的伸出长度。

⑥ 车端面。

用 45°偏刀对工件端面进行车削,此处端面车平即可。

⑦ 对刀。

⑧ 零件加工并检测。

⑨ 倒角、去毛刺。

⑩ 掉头。

按照车削工艺,掉头装夹 φ28 外圆处并校正,用 45°偏刀车削端面,保证总长 60 mm。

⑪ 对刀。

因工件的伸出长度发生了变化,此处应对 1 号刀和 2 号刀重新对刀,以将编程原点设定到工件前端面的回转中心。

4 号刀(切槽刀)的对刀:X 向对刀,用主切削刃轻触已知直径表面,将直径数据输入刀具几何偏置画面对应位置;Z 向对刀,用左侧刀尖轻触端面,并将端面数据输入刀具几何偏置画面对应位置。

⑫ 零件加工并检测。

⑬ 倒角、去毛刺。

⑭ 清洁、保养机床。

⑮ 关机。

(2) 梯形槽的编程与车削训练

依次完成图 2-16 所示梯形槽的工艺编制、程序编写、车削加工,并在教师的组织下进行测评。

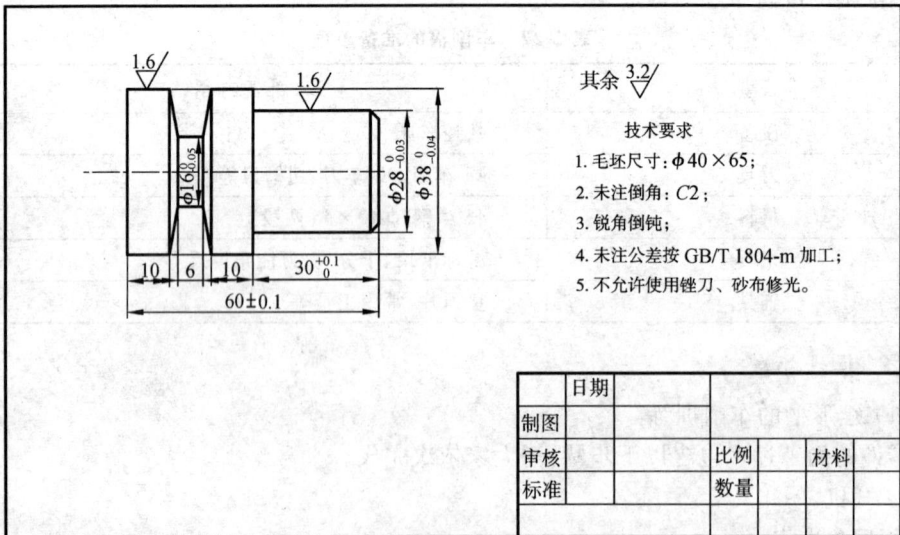

图 2-16　梯形槽

① 工艺编制（自行绘制表格完成）。

② 程序编写（自行绘制表格完成）。

👁 小提示

　　梯形槽的粗车顺序是先车削成矩形槽，再车梯形的两侧，各表面均留精车余量；精车顺序是沿梯形槽的实际轮廓走刀。

表 2-28 给出了梯形槽粗车时刀具的位置，请参照表 2-22 写出程序片段和注释。

表 2-28　粗车梯形槽的程序片段和走刀示意

程　序	注　释	走刀示意
		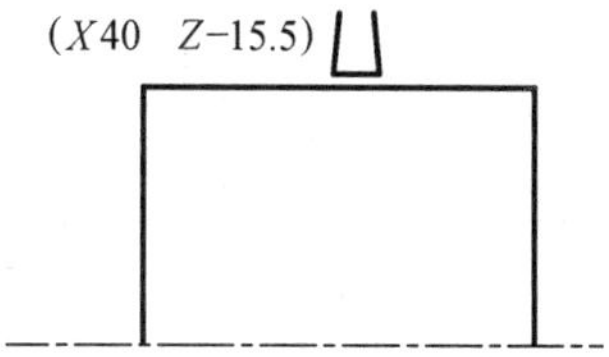 $(X40\ \ Z-15.5)$
		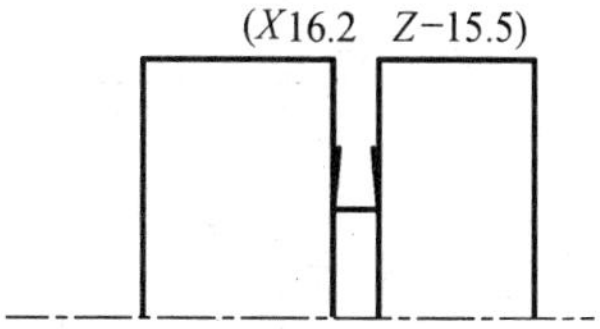 $(X16.2\ \ Z-15.5)$
		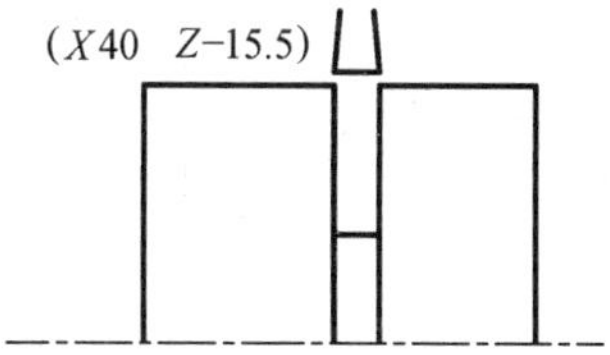 $(X40\ \ Z-15.5)$
		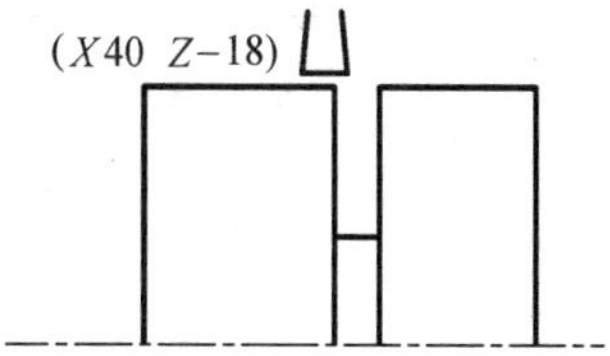 $(X40\ \ Z-18)$
		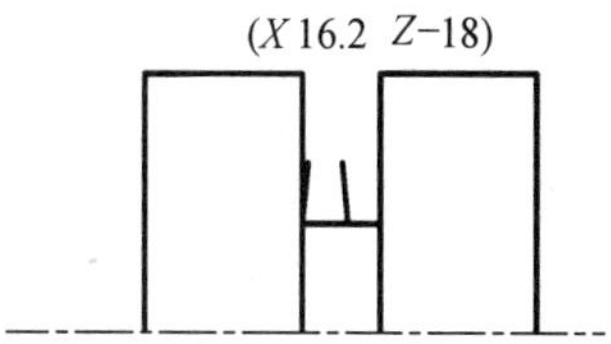 $(X16.2\ \ Z-18)$

续表

程　序	注　释	走刀示意
		(X40　Z-18)
		(X40　Z-13.6)
		(X16.2　Z-15.6)
		(X40　Z-15.6)
		(X40　Z-19.9)
		(X16.2　Z-17.9)
		(X40　Z-17.9)

③ 工件测评。

按照图样要求，逐项检测并填写梯形槽评分表 2-29。

表 2-29　梯形槽评分表

零件			姓名		成绩		
项目	序号	考核内容和要求		配分	评分标准	检测结果	得分
工艺	1	工艺编写规范、加工路线设计正确		10	加工路线设计不正确，每处酌情扣 2～5 分		
	2	刀具、切削用量选择正确		10	刀具、切削用量选择不正确，每处酌情扣 2～5 分		
编程	3	程序编写规范、指令应用正确		10	指令应用不正确，每处酌情扣 2～5 分		
外圆	4	$\phi 38_{-0.04}^{0}$		8	每超差 0.01 扣 1 分；超差 0.04 以上不得分		
	5	$\phi 28_{-0.03}^{0}$		8			
	6	$\phi 16_{-0.05}^{0}$		6			
长度	7	$30_{0}^{+0.1}$		6	每超差 0.02 扣 1 分；超差 0.06 以上不得分		
	8	60 ± 0.1		6			
	9	6		4			
	10	10		5×2			
其他	11	锥面		5×2	不合格不得分		
	12	C2		4	不合格不得分		
	13	表面粗糙度 $Ra1.6$		4×2	降级不得分		
安全文明生产	14	无违章操作			有违章项，每次酌情扣 2～5 分		
	15	无撞刀及其他事故			有事故项，每次酌情扣 5～10 分		
	16	机床清洁保养			未清洁保养酌情扣 10～15 分		
需改进的地方							
教师评语							
学生签名			小组长签名				
日期			教师签名				

任务四　螺纹的编程与加工

任务描述

　　该任务引导学生学会图 2-17 所示螺纹轴(一)零件的工艺编写与程序编制,并在教师的指导下完成图 2-21 所示螺纹轴(二)零件的工艺编写与程序编制。

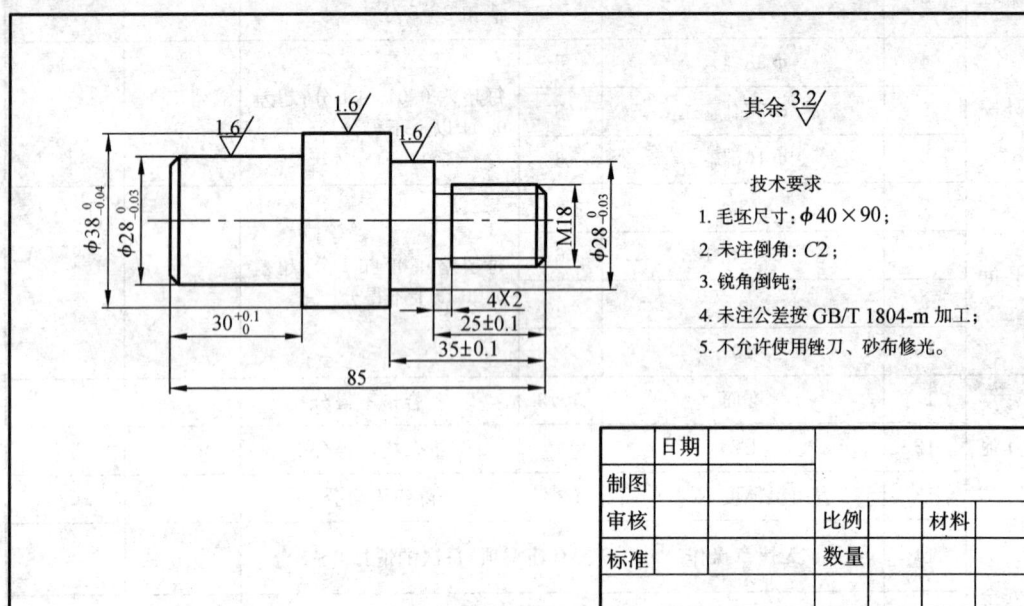

其余 $\sqrt{\dfrac{3.2}{}}$

技术要求

1. 毛坯尺寸:$\phi 40 \times 90$;
2. 未注倒角:$C2$;
3. 锐角倒钝;
4. 未注公差按 GB/T 1804-m 加工;
5. 不允许使用锉刀、砂布修光。

	日期			
制图				
审核		比例	材料	
标准		数量		

图 2-17　螺纹轴(一)

学习目标

1. 熟悉螺纹的数控车削工艺。
2. 会用螺纹切削指令进行车削程序的编制。
3. 会进行螺纹尺寸的控制。

知识讲解

1. 螺纹的车削工艺

　　图 2-17 所示螺纹轴(一)的车削工艺分为两个工序(见表 2-30),其中工序一完成零件的左侧阶台部分,该部分工艺的编制和任务一中阶台轴类似(表中不再出现,留给学生自

行补充完整）；工序二完成零件的右侧阶台、槽与螺纹，右侧部分先车外轮廓，再切退刀槽，最后进行螺纹的车削。

表 2-30 螺纹轴（一）的车削工艺

数控加工工艺表						
单位名称		产品名称或代号		零件名称		零件图号
工序号	程序编号	夹具名称		使用设备		车 间
一	O0241					
工步	工步内容	刀具号	刀具名称	主轴转速/ (r/min)	进给速度/ (mm/r)	背吃刀量/ mm	备注
1						
2						
3						
4						
5						
6						
工序号	程序编号	//	//	//	//	//	//
二	O0242,O0243…	//	//	//	//	//	//
工步	工步内容	//	//	//	//	//	//
1	掉头装夹φ28外圆处，校正	//	//	//	//	//	
2	车端面，保证总长	03	45°偏刀	400	0.2	0.5	四位刀架可根据情况及时更换刀具
3	粗、精车外轮廓至尺寸要求	01,02	90°偏刀	400,800	0.2,0.15	0.5,0.25	
4	切退刀槽至尺寸要求	04	切槽刀	400	0.15	按刀宽	
5	粗、精车螺纹至尺寸要求	05	螺纹刀	600	2.5	递减	
6	去毛刺，检测，下车	//	//	//	//	//	
编制		审核		批准		日期	

2. 螺纹切削指令介绍

（1）指令介绍

FANUC 系统车削螺纹的指令一般有三种，分别是等螺距螺纹指令 G32、螺纹切削循环指令 G92 和螺纹切削复循环指令 G76（见表 2-31）。

表 2-31　FANUC 系统指令说明(三)

指　令	格　式	注　释
等螺距螺纹指令	G32 X(U) Z(W) F Q	用于实现车削锥螺纹、直螺纹、多头螺纹、端面螺纹。 F 为导程,Q 为螺纹起始角(0.001°)
螺纹切削循环指令	G92 X(U) Z(W) R F Q	用于实现循环车削锥螺纹、直螺纹、多头螺纹、端面螺纹。 F 为导程,Q 为螺纹起始角(0.001°)。 R 为锥面起点相对于终点的半径差,直螺纹 R 为 0(可省略)
螺纹切削复循环	G76　P(m)(r)(a) 　　Q(Δd_{min})　R(d) G76　X(U)　Z(W) 　　R(i)　P(k)　Q(Δd) 　　F(l)	用于实现车削锥螺纹、直螺纹、端面螺纹的循环。 m 为精车重复次数,r 为倒角量,a 为刀尖角度,Δd_{min} 为最小切削深度,d 为精车余量,i 为螺纹半径差(直螺纹可省略),k 为螺纹高,Δd 为第一刀车削深度,l 为导程。 导程与精车余量单位为 mm,其余单位均为 μm

(2) 指令使用说明

① G32 与 G92。

G32 仅实现切削螺纹走刀,需用 G00 实现进刀、让刀与退出;G92 可以一次实现进刀—切削—让刀—退刀的螺纹切削循环。

例如,让刀具从起点 $X30$　$Z5$ 出发,在 $\phi28$ 的位置车削 10 mm 长的螺纹,螺纹导程为 2 mm,其走刀路线、G00,G32 编程与 G92 编程、刀具轨迹见表 2-32。

表 2-32　G32 与 G92 车削对比

走刀路线		G00,G32 编程	G92 编程	刀具轨迹
到达进刀位置		G00　X30　Z5	G00　X30　Z5	
进刀	刀具以 G00 的速度快速移动到 X28　Z5 处	G00　X28　Z5		退　刀
切削	刀具以 2 mm/r 的进给速度切削到 X28　Z−15 处	G32　X28 Z−10 F2	G92　X28 Z−10 F2	让刀　　进刀
让刀	刀具以 G00 的速度快速移动到 X30　Z−15 处	G00　X30 Z−10		切　削
退刀	刀具以 G00 的速度快速移动到 X30　Z5 处	G00　X30　Z5		

想一想　G92 车削循环与 G90 车削循环相似吗?
G00,G32 组合车削螺纹的实现方式与 G00,G01 组合车削阶台的实现方式相似吗?

对于锥螺纹车削,G32 是用终点与起点的坐标差值表征的,而 G92 是用参数 R 表征的(见图 2-18、图 2-19)。

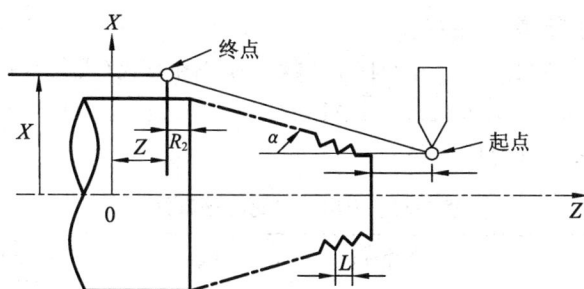

图 2-18　G32 车削锥螺纹示意图

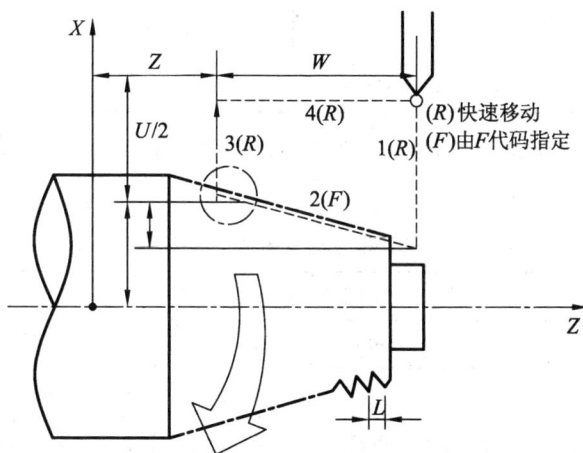

图 2-19　G92 车削锥螺纹示意图

② G76。

经过普通车床的实习,大家知道车削螺纹是在螺纹高度方向多次进刀实现螺纹的加工的。用 G32 与 G92 编程,每次都是单行程车削,编写的程序段数和进刀的次数有关,程序量较大,但可自行设定每次进刀的深度。

用 G76 可以用一个程序段实现多次进刀,每次进刀的位置由系统根据给定的参数自行计算获得(见图 2-20)。编程时程序量较前两种为小,但每次进刀深度由系统设定,不可调,常用于螺纹高度较大的螺纹切削,如梯形螺纹、蜗杆等。

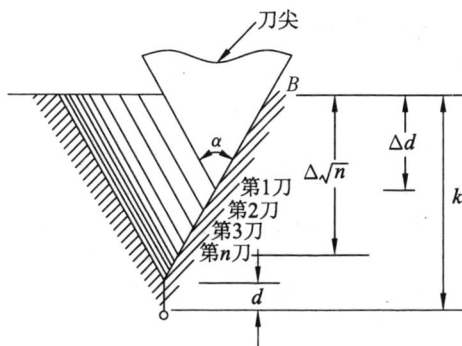

图 2-20　G76 车削螺纹进刀示意图

③ 三角螺纹车削程序的编写。

根据标准和经验,图 2-17 所示 M18 的螺纹,其公称直径(大径)应为 ϕ18 mm,螺距应为 2.5 mm,小径(底径)应为 ϕ15.3 mm(18−1.08×2.5=15.3)。

根据经验划分每刀进刀位置见表 2-33。

表 2-33   M18 螺纹每刀进刀位置

刀数	深度/mm	位置/mm	刀数	深度/mm	位置/mm
第 1 刀	0.4	ϕ17.2	第 5 刀	0.15	ϕ15.4
第 2 刀	0.3	ϕ16.6	第 6 刀	0	ϕ15.4
第 3 刀	0.25	ϕ16.1	第 7 刀	0.05	ϕ15.3
第 4 刀	0.2	ϕ15.7	第 8 刀	0	ϕ15.3

通过上述分析,按照划分的每刀进刀位置,用 G32 和 G92 指令编写的程序片段和用 G76 指令编写的程序片段见表 2-34。

表 2-34   三种指令编写的螺纹车削程序片段

用 G32 指令	用 G92 指令	用 G76 指令
G00 X18 Z5	G00 X18 Z5	G00 X18 Z5
X17.2		G76 P020060 Q50 R0.1
G32 Z−27 F2.5	G92 X17.2 Z−27 F2.5	G76 X15300 Z−27000
G00 X18		R0 P1350 Q500 F2.5
Z5		
X16.6		👁 **小提示**
G32 Z−27 F2.5	X16.6	该指令每刀进刀位置是由系统设定的。
G00 X18		
Z5		
X16.1		
G32 Z−27 F2.5	X16.1	
G00 X18		
Z5		
X15.7		
G32 Z−27 F2.5	X15.7	
G00 X18		
Z5		
X15.4		
G32 Z−27 F2.5	X15.4	
G00 X18		
Z5		

续表

用 G32 指令	用 G92 指令	用 G76 指令
X15.4		
G32　Z－27　F2.5	X15.4	
G00　X18		
Z5		
X15.3		
G32　Z－27　F2.5	X15.3	
G00　X18		
Z5		
X15.3		
G32　Z－27　F2.5	X15.3	
G00　X18		
Z5		

（3）精度保证

① 角度的保证。

根据普通车削的知识,三角螺纹角度是通过准确刃磨刀具切削部分角度和正确的安装车刀保证的。

② 尺寸的保证。

因为螺纹的车削过程中,有适度的挤压,会使外圆增大,所以在轮廓车削时公称直径（大径）就应车小 0.2～0.3 mm。

中径和底径是根据车削时的实际检测情况,适度增大车削深度来保证的。刚开始进行螺纹车削时,同学们可以根据自己的情况,将螺纹最后一刀的车削直径加大一点,然后根据检测的情况,再进行修调。

③ 有效长度的保证。

螺纹的螺距在有效长度内应是一致的,考虑到走刀速度的升速段和降速段,应将螺纹的车削长度在螺纹的前后适当延长。

3. 螺纹轴(一)的车削程序分析

根据加工工艺,螺纹轴(一)的车削程序有四个,分别用于车削零件的左侧和右侧轮廓、右侧退刀槽、螺纹,请自行编写后,将程序与注释填入表 2-35、表 2-36、表 2-37、表 2-38。

表 2-35 螺纹轴(一)左侧轮廓程序与注释

程序清单(O0241)	注　释

表 2-36 螺纹轴(一)右侧轮廓程序与注释

程序清单(O0242)	注　释

表 2-37　退刀槽程序与注释

程序清单(O0243)	注　释

表 2-38 螺纹程序与注释

程序清单（O0244）	注　释

任务实施

1. 准备工作

车削螺纹轴的准备事项见表 2-39。

表 2-39　车削螺纹轴的准备事项

准备事项	准备内容
设备	数控车床
刀具	45°车刀、90°车刀、外切槽刀、三角螺纹刀、中心钻等
材料	45 # 钢(ϕ 40×90,ϕ 40×140 各一段)
量具	游标卡尺、千分尺、螺纹环规、万能角度尺等
辅具	垫刀片、对刀样板、常用工具、函数计算器等

2. 操作步骤

（1）螺纹轴(一)的车削训练

零件的加工过程包含以下步骤,请大家依次完成。

① 开机。

② 回参考点。

③ 输入左侧和右侧程序并核对。

④ 空运行检查左侧和右侧程序并修改。

⑤ 安装刀具和毛坯。

先车削左侧,注意毛坯的伸出长度。

⑥ 车端面。

用 45°偏刀对工件端面进行车削,此处端面车平即可。

⑦ 对刀。

⑧ 零件加工并检测。

⑨ 倒角、去毛刺。

⑩ 掉头。

按照车削工艺,掉头装夹ϕ28 外圆处并校正,用 45°偏刀车削端面,保证总长 85 mm。

⑪ 对刀。

螺纹刀的对刀:X 向对刀,用刀尖轻触已知直径表面,将直径数据输入刀具几何偏置画面对应位置;Z 向对刀,将刀具移动至距端面一定距离处,测量该距离长度,并将该长度数据输入刀具几何偏置画面对应位置。

⑫ 零件加工并检测。

⑬ 倒角、去毛刺。

⑭ 清洁、保养机床。

⑮ 关机。

（2）螺纹轴（二）的编程与车削训练

依次完成图 2-21 所示螺纹轴（二）的工艺编制、程序编写、车削加工，并在教师的组织下进行测评。

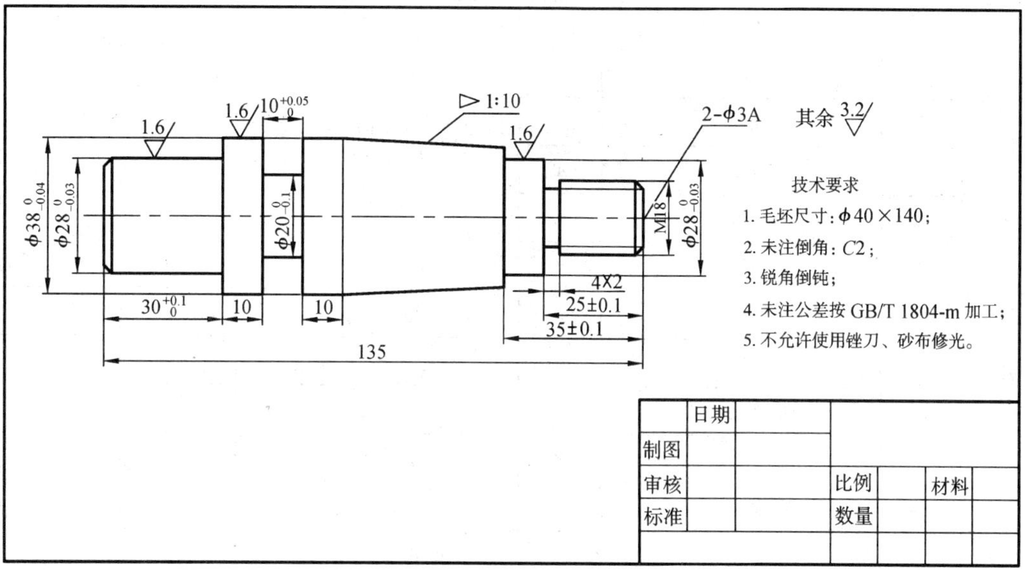

图 2-21　螺纹轴（二）

① 工艺编制（自行绘制表格完成）。

② 程序编写（自行绘制表格完成）。

③ 工件测评。

按照图样要求，逐项检测并填写螺纹轴（二）评分表 2-40。

表 2-40　螺纹轴（二）评分表

零件			姓名			成绩		
项目	序号	考核内容和要求		配分	评分标准		检测结果	得分
工艺	1	工艺编写规范、加工路线设计正确		10	加工路线设计不正确，每处酌情扣 2～5 分			
	2	刀具、切削用量选择正确		5	刀具、切削用量选择不正确，每处酌情扣 2～5 分			
编程	3	程序编写规范，指令应用正确		10	指令应用不正确，每处酌情扣 2～5 分			
外圆	4	$\phi 38_{-0.04}^{0}$		6	每超差 0.01 扣 1 分；超差 0.04 以上不得分			
	5	$\phi 28_{-0.03}^{0}$		6×2				
	6	$\phi 20_{-0.1}^{0}$		8				

零件			姓名			成绩		
项目	序号	考核内容和要求		配分	评分标准		检测结果	得分
长度	7	$30^{+0.1}_{0}$		4	每超差 0.02 扣 1 分；超差 0.06 以上不得分			
	8	35 ± 0.1		4				
	9	25 ± 0.1		4				
	10	$10^{+0.05}_{0}$		4				
	11	10		3×2				
	12	135		3				
螺纹 M18	13	大径		3	超差无分			
	14	中径		4	超差 0.01 扣 4 分			
	15	两侧 $Ra3.2$		3	降级无分			
	16	牙形角		2	不符无分			
其他	17	锥度 1∶10		3	不合格不得分			
	18	$C2$		2×2	不合格不得分			
	19	表面粗糙度 $Ra1.6$		2×3	降级不得分			
	20	$2-\phi3A$		2×2	不合格不得分			
	21	槽 4×2		4	不合格不得分			
安全文明生产	22	无违章操作			有违章项，每次酌情扣 2～5 分			
	23	无撞刀及其他事故			有事故项，每次酌情扣 5～10 分			
	24	机床清洁保养			未清洁保养酌情扣 10～15 分			
需改进的地方								
教师评语								
学生签名					小组长签名			
日期					教师签名			

📚 **知识链接——常用量具的使用与维护**

1. 常用量具与测量方法介绍

（1）钢直尺

钢直尺是最简单的长度量具,按量程分 0～150 mm,0～300 mm,0～500 mm 和 0～1 000 mm 四种规格,使用方法如图 2-22 所示。

由于其测量精度不高,位置不易摆放正确,所以测量结果不太准确,需配合其他精密量具使用。

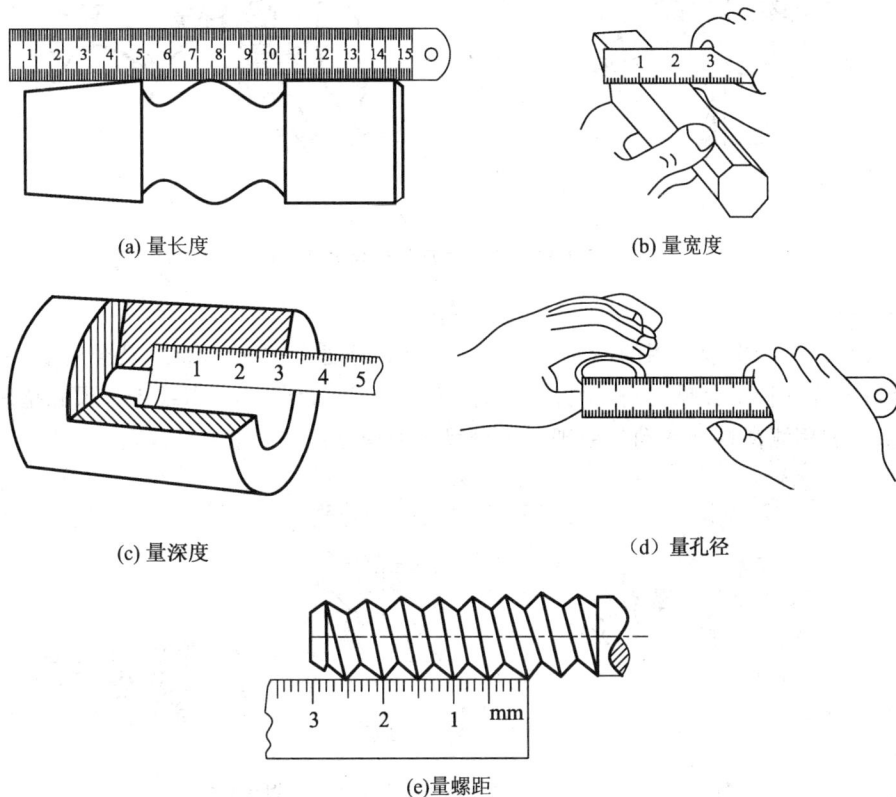

(a) 量长度　　　　　　　　　　　　　　(b) 量宽度

(c) 量深度　　　　　　　　　　　　　　(d) 量孔径

(e)量螺距

图 2-22　钢直尺的使用方法

（2）游标卡尺

游标卡尺是常用的中等精度量具,按其精度可分为三种:0.1 mm,0.05 mm 和 0.02 mm。它的结构简单,使用方便,常用于测量零件的外径、内径、宽度和厚度等,应用范围很广,使用方法如图 2-23 所示。

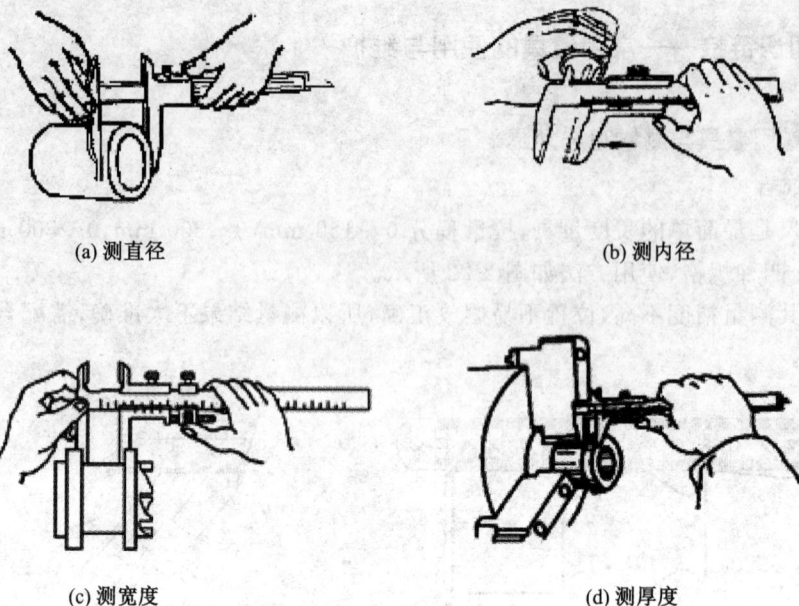

(a) 测直径　　　　　　　　　　　　　　(b) 测内径

(c) 测宽度　　　　　　　　　　　　　　(d) 测厚度

图 2-23　游标卡尺的使用方法

（3）千分尺

千分尺是生产中最常用的精密量具之一，测量精度为 0.01 mm。根据用途的不同，千分尺可分为外径千分尺、内径千分尺、内测千分尺、游标千分尺、螺纹千分尺和壁厚千分尺等，都是利用测微螺杆移动的原理。千分尺的使用方法如图 2-24 所示。

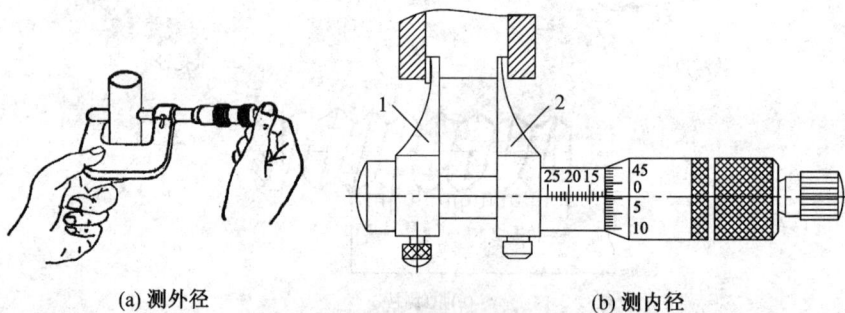

(a) 测外径　　　　　　　　　　　　　　(b) 测内径

图 2-24　千分尺的使用方法

（4）内径百分表

内径百分表是将测头的直线位移变为指针角位移的量具，主要测量或检验零件的内孔、深孔直径等。测量范围有 10～18 mm,18～35 mm,35～50 mm,50～100 mm,100～160 mm,160～250 mm,250～450 mm 等。内径百分表的使用方法见表 2-41。

表 2-41 内径百分表的使用方法

步骤	说 明	图 例
选测头	根据被测孔径选取测量杆	
校零位	将外径千分尺调整为被测孔径并锁紧,利用该位置调整百分表零位	
测量	将百分表的测头放到被测零件的孔内,摆动百分表,观察其指针的返回点,找到轴向平面的最小尺寸(转折点)来读数,该读数即为所测孔径	

2. 量具的维护和保养

正确地使用精密量具是保证产品质量的重要条件之一。要保持量具的精度和它工作的可靠性,除了要按照合理的使用方法进行操作以外,还必须做好量具的维护和保养工作。

① 测量前应把量具的测量面和零件的被测量表面擦干净,以免因有脏物存在而影响测量精度。用精密量具(如游标卡尺、百分尺和百分表等)去测量锻铸件毛坯,或带有研磨剂(如金刚砂等)的表面是错误的,这样易使测量面很快磨损而失去精度。

② 量具在使用过程中,不要和工具、刀具(如锉刀、榔头、车刀和钻头等)堆放在一起,

以免碰伤量具,也不要随便放在机床上,以免因机床振动而使量具掉下来损坏。尤其是游标卡尺等,应平放在专用盒子里,以免使尺身变形。

③ 量具是测量工具,绝对不能作为其他工具的代用品。例如,拿游标卡尺划线,拿千分尺当小榔头,拿钢直尺当起子旋螺钉,以及用钢直尺清理切屑等都是错误的;把量具当玩具,如把千分尺等拿在手中任意挥动或摇转等也是错误的,都易使量具失去精度。

④ 温度对测量结果影响很大,零件的精密测量一定要使零件和量具都在 20 ℃的情况下进行测量。一般可在室温下进行测量,但必须使工件与量具的温度一致;否则,由于金属材料的热胀冷缩的特性,使测量结果不准确。

⑤ 温度对量具精度的影响亦很大,量具不应放在阳光下或床头箱上,因为量具温度升高后,量不出正确尺寸;更不要把精密量具放在热源(如电炉,热交换器等)附近,以免使量具受热变形而失去精度。

⑥ 不要把精密量具放在磁场附近,例如,磨床的磁性工作台上,以免使量具感磁。

⑦ 发现精密量具有不正常现象时,如量具表面不平,有毛刺,有锈斑以及刻度不准,尺身弯曲变形,活动不灵活等,使用者不应当自行拆修,更不允许自行用榔头敲、锉刀锉、砂布打光等粗糙办法修理,以免增大量具误差。发现上述情况,使用者应当主动报告指导教师,送交计量站检修,并经检定量具精度后再继续使用。

⑧ 量具使用后,应及时擦干净,除不锈钢量具或有保护镀层者外,金属表面应涂上一层防锈油,放在专用的盒子里,保存在干燥的地方,以免生锈。

⑨ 精密量具应实行定期检定和保养,长期使用的精密量具,要定期送计量站进行保养和检定精度,以免因量具的示值误差超差而造成产品质量缺陷。

项目三

内轮廓的编程与加工

本项目围绕图 3-1 所示套的加工,通过三个任务,讲解数控车削内轮廓零件,包括内阶台、内沟槽、内螺纹、内轮廓等表面的工艺编制、编程方法和加工过程。

◎ **知识目标**：理解常用编程指令的格式与使用方法；

进一步熟悉数控车削工艺表的格式与内容。

◎ **技能目标**：会使用常用编程指令编写轴类零件内轮廓程序；

能进行轴类零件内轮廓的数控车削工艺编制；

熟练操作设备进行轴类零件内轮廓的数控车削；

熟练掌握车削精度的保证方法；

熟悉中断的处理方法。

◎ **素养目标**：树立正确的质量意识；

培养团队协作能力；

养成良好的工作习惯。

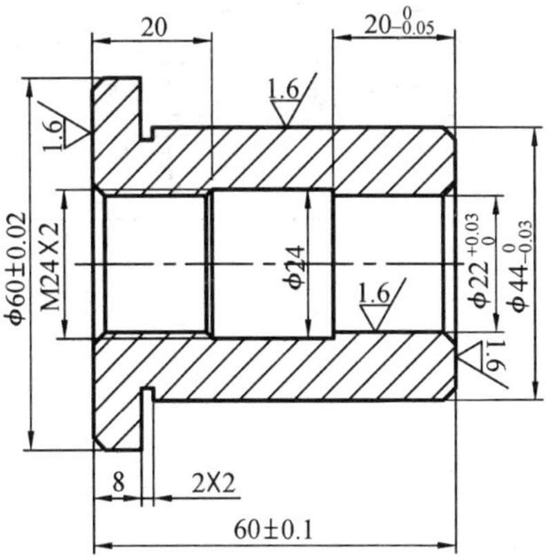

其余 3.2

技术要求

1. 毛坯尺寸：$\phi 65 \times 65$；
2. 未注倒角：$C2$；
3. 锐角倒钝；
4. 未注公差按 GB/T 1804-m 加工；
5. 不允许使用锉刀、砂布修光。

	日期				
制图					
审核		比例		材料	
标准		数量			

图 3-1　套

任务一　内阶台的编程与加工

任务描述

该任务引导学生学会图 3-2 所示内阶台零件的工艺编写与程序编制,并在教师指导下完成图 3-3 所示锥孔零件的工艺编写、程序编制、数控车削。

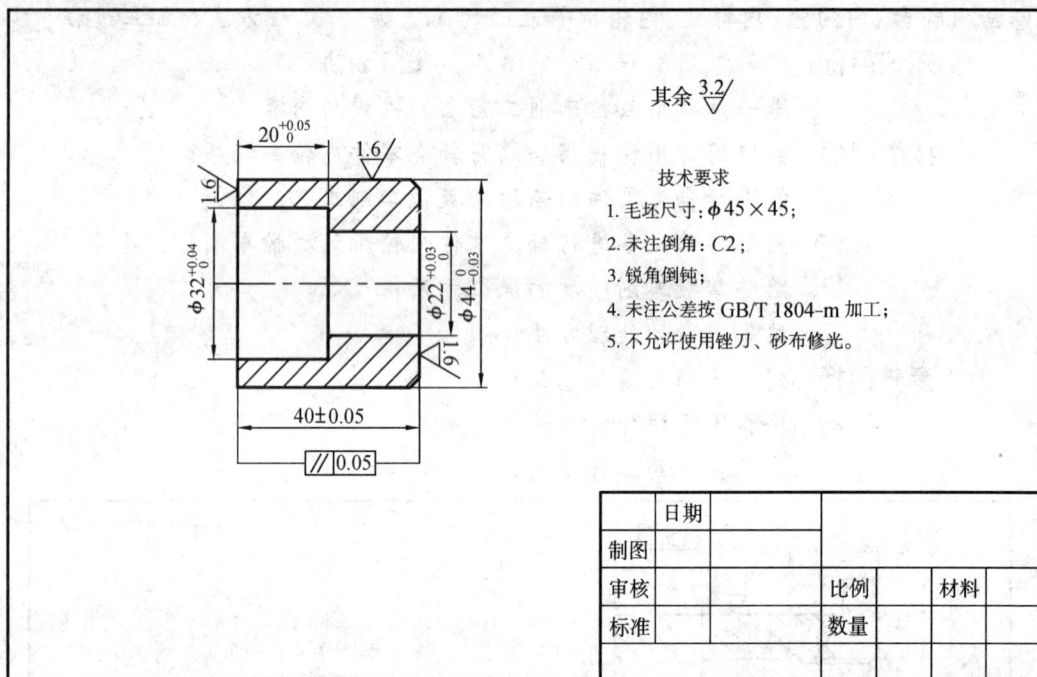

其余 $3.2 \vee$

技术要求

1. 毛坯尺寸:$\phi 45 \times 45$;
2. 未注倒角:$C2$;
3. 锐角倒钝;
4. 未注公差按 GB/T 1804-m 加工;
5. 不允许使用锉刀、砂布修光。

	日期			
制图				
审核		比例		材料
标准		数量		

图 3-2　内阶台零件

学习目标

1. 熟悉内轮廓的数控车削工艺。
2. 会进行内轮廓车削程序的编制与车削加工。

知识讲解

1. 内阶台零件的工艺编制

该零件的车削工艺有两种编制方法。方法一:先车削外轮廓,两次装夹后车削内阶台。方法二：内、外表面一次装夹完成，两次装夹后车削总长。考虑到车削外轮廓时，可供装夹的长度较短，所以采用方法一编制车削工艺。内阶台零件的车削工艺见表3-1。

表3-1 内阶台零件的车削工艺

数控加工工艺表							
单位名称		产品名称或代号		零件名称		零件图号	
工序号	程序编号	夹具名称		使用设备		车 间	
一	00311						
工步	工步内容	刀具号	刀具名称	主轴转速/（r/min）	进给速度/（mm/r）	背吃刀量/mm	备注
1	装夹毛坯，伸出长度≥40，校正	//	//	//	//	//	//
2	车端面，车平即可	03	45°偏刀	400	0.2	0.5	//
3	粗、精车外轮廓至尺寸要求	01，02	90°偏刀	400，800	0.2，0.15	0.5，0.25	//
4	去毛刺，检测，下车	//	//	//	//	//	//
工序号	程序编号	//	//	//	//	//	//
二	00312						
工步	工步内容	//	//	//	//	//	//
1	掉头装夹φ44外圆处，校正	//	//	//	//	//	四工位刀架可根据情况及时更换刀具
2	车端面，保证总长与平行度	03	45°偏刀	400	0.2	0.5	
3	钻≤φ20的底孔	//	钻头	500	//	//	
4	粗镗阶台孔，留精镗余量	04	镗孔刀	400	0.2	0.4	
5	精镗阶台孔，至尺寸要求	05	镗孔刀	600	0.15	0.2	
6	去毛刺，检测，下车	//	//	//	//	//	//
编制		审核		批准		日期	

2. 编程注意事项

外轮廓可以参照项目二有关内容进行程序的编制，而内阶台程序的编制，需注意车削用量的选择和走刀路线的设计。

根据普通车床车削的经验，内轮廓的车削用量应比外轮廓小一些。

为防止内轮廓车削刀具和内表面发生碰撞，在进、退刀路线的设计和选用编程指令时需格外小心。原则上退刀时先退Z向，再退X向；选用编程指令时尽可能不选用G71等循环类指令。

3. 车削程序分析

根据上述分析,内阶台零件的车削程序见表 3-2 和表 3-3,其中外轮廓车削程序与注释请大家按照前面的经验,在教师的指导下自行填写。

表 3-2　外轮廓车削程序

程序清单(O0311)	注　释

表 3-3 内阶台车削程序

程序清单（O0312）	注 释
N10 G99 M03 S400	
N20 T0404	
N30 G00 X50 Z100	
N40 X20 Z5	
N50 G90 Z－40 F0.2	
N60 X20.8	
N70 X21.6	
N80 X22.4 Z－19.9	
N90 X23.2	
N100 X24	
N110 X24.8	
N120 X25.6	
N130 X26.4	
N140 X27.2	
N150 X28	
N160 X28.8	
N170 X29.6	
N180 X30.4	
N190 X31	
N200 X31.6	
N210 G00 Z100	
N220 X50	
N230 M05	
N240 M00	
N250 M03 S600	
N260 T0505	
N270 G00 X32 Z5	
N280 G01 Z－20 F0.15	
N290 X22	
N300 Z－40	
N310 G00 X21	
N320 Z100	
N330 X50	
N340 M05	
N350 M30	

任务实施

1. 准备工作

车内阶台零件的准备事项见表 3-4。

表 3-4 车内阶台零件的准备事项

准备事项	准备内容
设备	数控车床
刀具	45°车刀、90°车刀、钻头、镗孔刀等
材料	45#钢($\phi 45 \times 45$, $\phi 45 \times 60$ 各一段)
量具	游标卡尺、千分尺、内径量表、万能角度尺、深度千分尺等
辅具	垫刀片、常用工具、函数计算器等

2. 操作步骤

（1）内阶台零件的车削训练

参照项目二所介绍的零件车削步骤进行车削加工，注意内孔刀具的安装与对刀。

（2）锥孔零件的编程与训练

依次完成图 3-3 所示锥孔的工艺编制、程序编写、车削加工，并在教师的组织下进行测评。

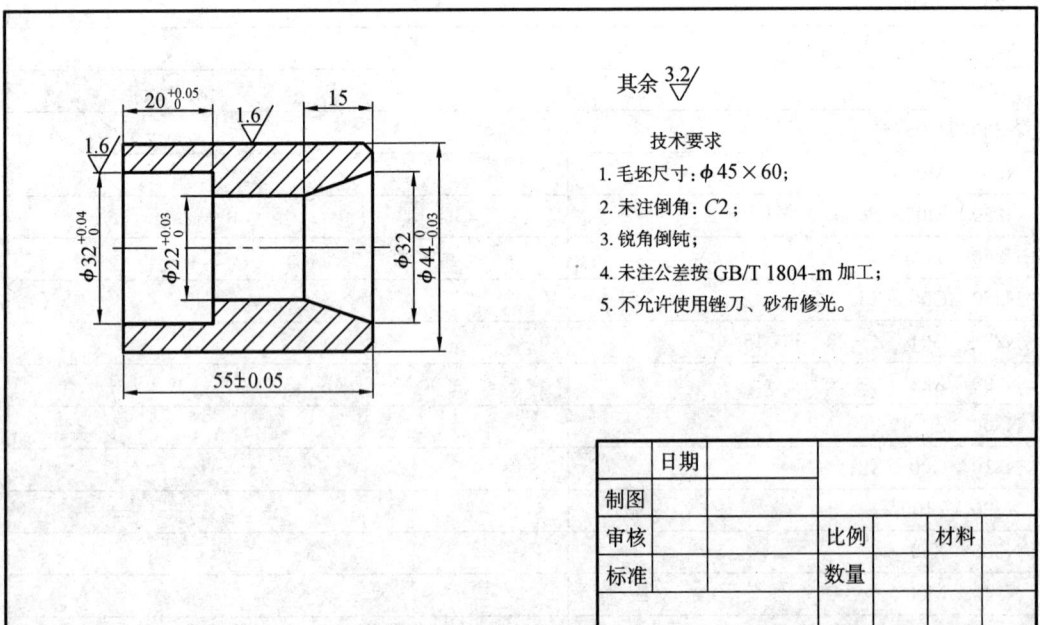

图 3-3 锥孔

① 工艺编制（自行绘制表格完成）。

② 程序编写（自行绘制表格完成）。

> 👁 **小提示**
>
> 　　内锥部分的粗车常采用分层法（见图3-4），对毛坯进行分层车削。其中，图3-4 a 所示方法一在编程过程中需要计算很多节点，计算量较大，粗车后预留的精车余量不均匀；图3-4 b 所示方法二在实际走刀过程中需防止刀具和加工孔的内壁发生碰撞，但是可以预留均匀的精车余量；图3-4 c 所示方法三计算量较小，刀具不易和加工孔的内壁发生碰撞，也可以预留较均匀的精车余量，建议采用该法进行编程。

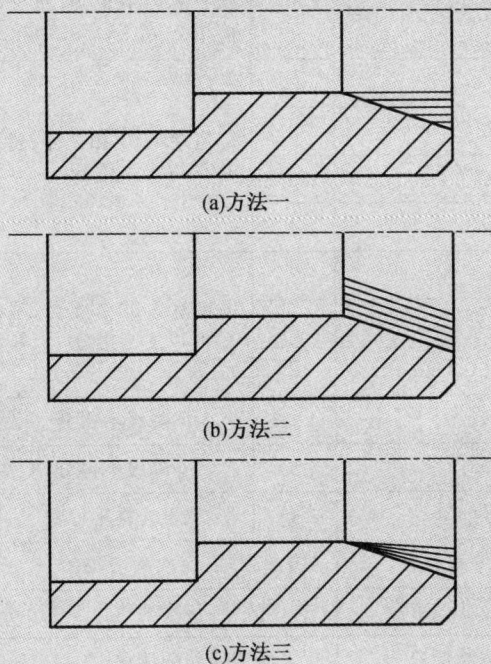

(a)方法一

(b)方法二

(c)方法三

图 3-4　锥孔的分层方法

③ 工件测评。

按照图样要求，逐项检测并填写锥孔评分表3-5。

表 3-5 锥孔评分表

零件				姓名		成绩				
项目	序号	考核内容和要求	配分	评分标准		学生自测		教师评测		
						自测	得分	检测	得分	
工艺	1	工艺编写规范、加工路线设计正确	10	加工路线设计不正确,每处酌情扣 2～5 分						
	2	刀具、切削用量选择正确	10	刀具、切削用量选择不正确,每处酌情扣 2～5 分						
编程	3	程序编写规范、指令应用正确	10	指令应用不正确,每处酌情扣 2～5 分						
外圆	4	$\phi 44_{-0.03}^{0}$	10	每超差 0.01 扣 2 分;超差 0.03 以上不得分						
内孔	5	$\phi 22_{0}^{+0.03}$	9							
	6	$\phi 32_{0}^{+0.04}$	9							
	7	$\phi 32$	4							
长度	8	$20_{0}^{+0.05}$	8	每超差 0.02 扣 1 分;超差 0.06 以上不得分						
	9	15	4							
	10	55 ± 0.05	6							
其他	11	$Ra1.6$	4×2	降级不得分						
	12	$Ra3.2$	8	降级不得分						
	13	倒角 $C2$	4	不合格不得分						
安全文明生产	14	无违章操作		有违章项,每次酌情扣 2～5 分						
	15	无撞刀及其他事故		有事故项,每次酌情扣 5～10 分						
	16	机床清洁保养		未清洁保养酌情扣 10～15 分						
需改进的地方										
教师评语										
学生签名			小组长签名							
日期			教师签名							

任务二 内螺纹的编程与加工

任务描述

该任务引导学生学会图 3-5 所示内螺纹(一)零件的工艺编写与程序编制,并在教师指导下完成图 3-6 所示内螺纹(二)零件的工艺编写、程序编制、数控车削。

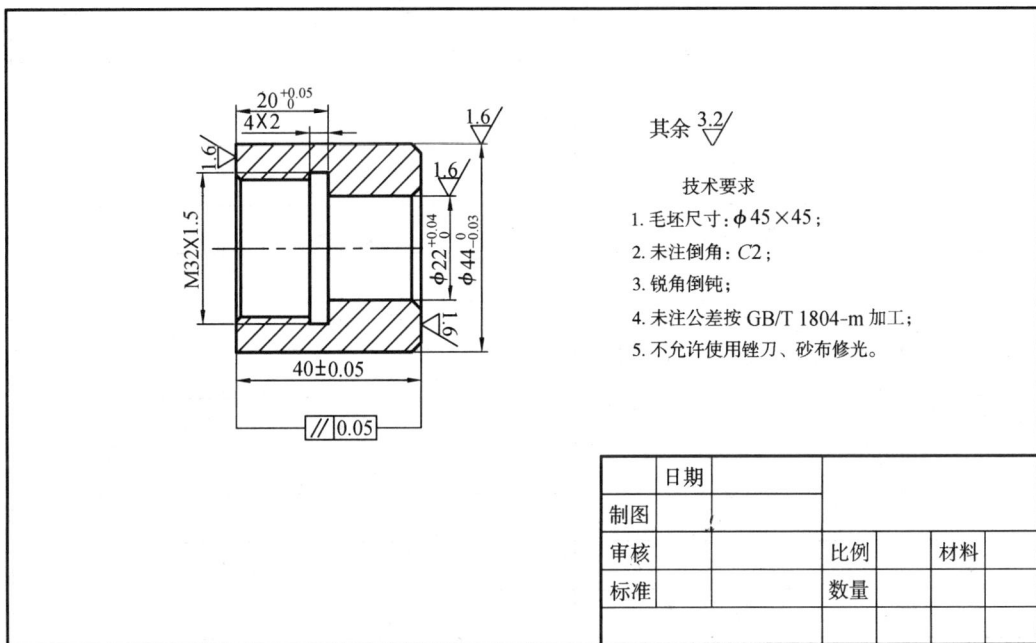

图 3-5 内螺纹(一)

学习目标

1. 熟悉内螺纹的数控车削工艺。
2. 会进行内螺纹车削程序的编制与车削加工。

知识讲解

1. 内螺纹的工艺编制

该零件的车削工艺仍然采用先车削外轮廓,两次装夹后车削内阶台与内螺纹。车削工艺见表 3-6,请大家在前面学习的基础上自行填写。

表 3-6　内螺纹(一)零件的车削工艺

数控加工工艺表						
单位名称		产品名称或代号		零件名称		零件图号
工序号	程序编号	夹具名称		使用设备		车间
一	00321					
工步	工步内容	刀具号	刀具名称	主轴转速/(r/min)	进给速度/(mm/r)	背吃刀量/mm	备注
1						
2						
3						
4						
5						
6						
工序号	程序编号	//	//	//	//	//	//
二	00322	//	//	//	//	//
工步	工步内容	//	//	//	//	//
1						
2						
3						
4						
5						
6						
编制		审核		批准		日期	

2. 编程注意事项

编制内阶台程序时,螺纹处的内孔直径应较螺纹小径大 0.2～0.3 mm。

如果用 G76 编写螺纹程序,其车削内、外螺纹是用螺纹起点和终点的直径比较来区分的。例如:

(1)编写项目二任务四的外螺纹程序段为

G00　X18　Z5

G76　P020060　Q50　R0.1

G76　X15300　Z−27000　R0　P2700　Q500　F2.5

此处起点的 X18 大于终点的 X15.3,表示车削外螺纹。

（2）本任务内螺纹的程序段为

G00　　X30.38　　Z5

G76　　P020060　　Q50　　R0.1

G76　　X32000　　Z—19000　　R0　　P810　　Q500　　F1.5

此处起点的 X30.38 小于终点的 X32，表示车削内螺纹。

3. 车削程序分析

根据上述分析，内螺纹（一）零件的车削程序见表 3-7 和表 3-8，请大家在前面学习的基础上自行填写。

表 3-7　外轮廓车削程序

程序清单（O0321）	注　释

表 3-8　内表面车削程序

程序清单(O0322)	注　释

任务实施

1. 准备工作

车内螺纹的准备事项见表 3-9。

表 3-9　车内螺纹的准备事项

准备事项	准 备 内 容
设备	数控车床
刀具	45°车刀、90°车刀、钻头、镗孔刀、内沟槽刀、内三角螺纹刀等
材料	45#钢(φ45×45两段)
量具	游标卡尺、千分尺、内径量表、螺纹塞规、深度千分尺等
辅具	垫刀片、对刀样板、常用工具等

2. 操作步骤

(1) 内螺纹(一)零件的车削训练

参照项目二所介绍的零件车削步骤进行车削加工,注意内孔刀具的安装与对刀。

(2) 内螺纹(二)零件的编程与训练

依次完成图 3-6 所示内螺纹(二)的工艺编制、程序编写、车削加工,并在教师的组织下进行测评。

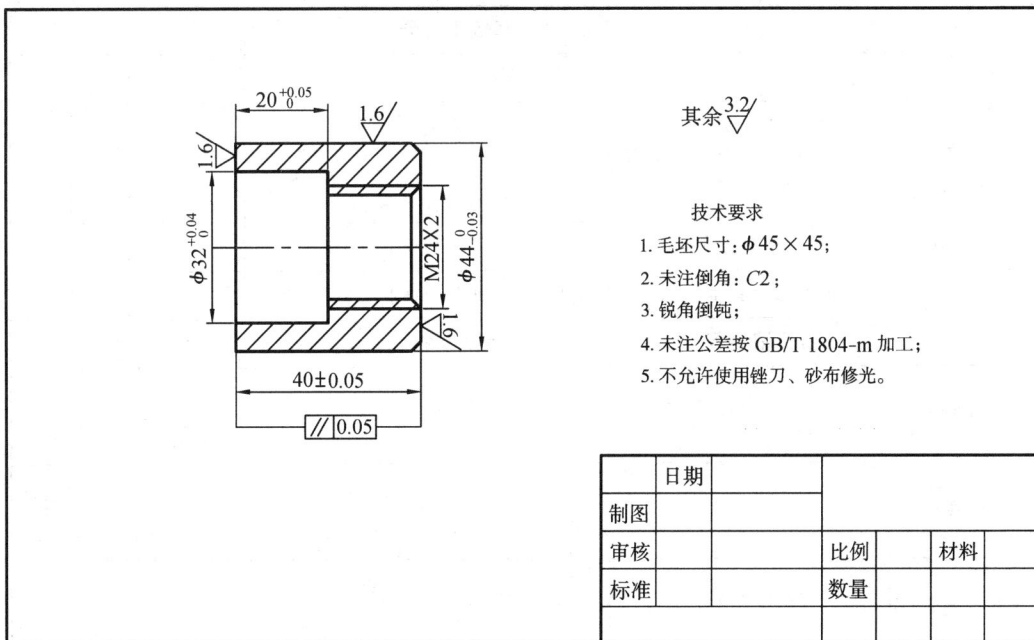

图 3-6　内螺纹(二)

① 工艺编制(自行绘制表格完成)。

② 程序编写(自行绘制表格完成)。

③ 工件测评。

按照图样要求,逐项检测并填写内螺纹(二)的评分表 3-10。

表 3-10　内螺纹(二)评分表

零件			姓名		成绩				
项目	序号	考核内容和要求		配分	评分标准	学生自测		教师评测	
						自测	得分	检测	得分
工艺	1	工艺编写规范、加工路线设计正确		10	加工路线设计不正确,每处酌情扣 2~5 分				
	2	刀具、切削用量选择正确		10	刀具、切削用量选择不正确,每处酌情扣 2~5 分				
编程	3	程序编写规范、指令应用正确		10	指令应用不正确,每处酌情扣 2~5 分				
外圆	4	$\phi 44_{-0.03}^{0}$		10	每超差 0.01 扣 2 分;超差 0.03 以上不得分				
内孔	5	$\phi 32_{0}^{+0.04}$		9					
螺纹 M24	6	中径		4	超差 0.01 扣 4 分				
	7	两侧 $Ra3.2$		3	降级无分				
长度	8	$20_{0}^{+0.05}$		8	每超差 0.02 扣 1 分;超差 0.06 以上不得分				
	9	40 ± 0.05		6					
其他	10	$Ra1.6$		4×3	降级不得分				
	11	$Ra3.2$		8	降级不得分				
	12	倒角 $C2$		4	不合格不得分				
	13	平行度		6	每超差 0.02 扣 1 分;超差 0.06 以上不得分				
安全文明生产	14	无违章操作			有违章项,每次酌情扣 2~5 分				
	15	无撞刀及其他事故			有事故项,每次酌情扣 5~10 分				
	16	机床清洁保养			未清洁保养酌情扣 10~15 分				
需改进的地方									
教师评语									
学生签名			小组长签名						
日期			教师签名						

任务三　套的编程与加工

任务描述

该任务引导学生学会图 3-7 所示套(一)零件的工艺编写与程序编制，并在教师指导下完成图 3-8 所示套(二)零件的工艺编写、程序编制、数控车削。

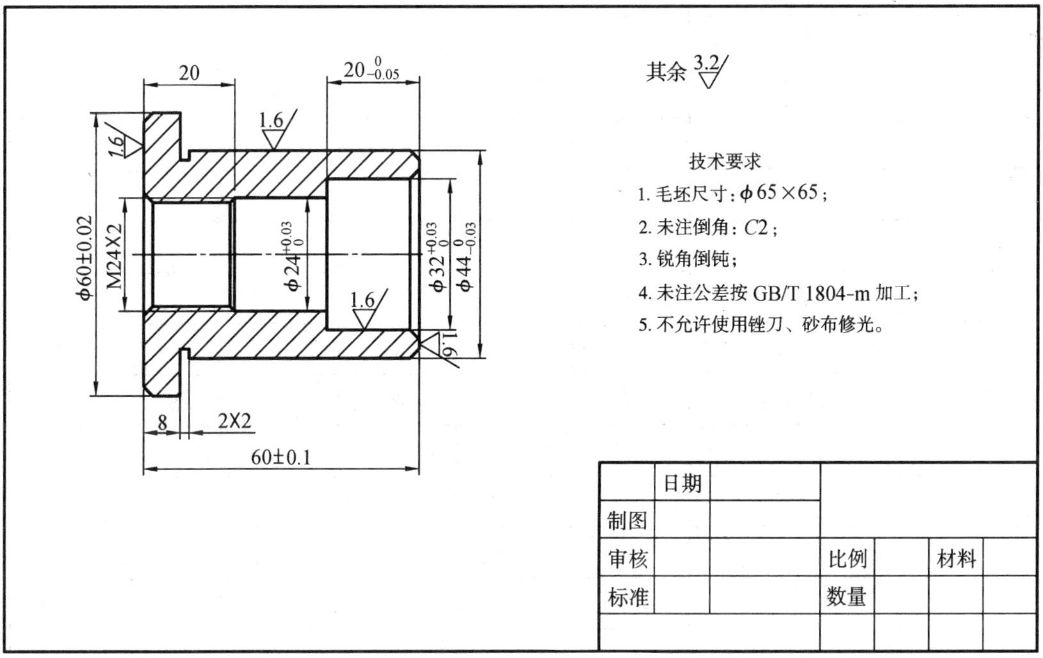
20
$20_{-0.05}^{0}$
其余 3.2
1.6
$\phi60\pm0.02$
M24X2
$\phi24_{0}^{+0.03}$
$\phi32_{0}^{+0.03}$
$\phi44_{-0.03}^{0}$
8
2X2
60±0.1
技术要求
1. 毛坯尺寸：φ65×65；
2. 未注倒角：C2；
3. 锐角倒钝；
4. 未注公差按 GB/T 1804-m 加工；
5. 不允许使用锉刀、砂布修光。
日期
制图
审核
标准
比例
数量
材料

图 3-7　套(一)

学习目标

1. 熟悉套的数控车削工艺。
2. 会进行套类零件车削程序的编制与车削加工。

知识讲解

1. 套的工艺编制

该零件的车削工艺可以先车削 φ44 的外圆、2×2 的外沟槽和 φ32 与 φ24 的内孔，掉头装夹后完成 φ60 的外圆和 M24 的内螺纹。具体工艺安排见表 3-11，请大家在前面学习的基础上自行填写。

表 3-11　套(一)的车削工艺

数控加工工艺表							
单位名称		产品名称或代号		零件名称		零件图号	
工序号	程序编号	夹具名称		使用设备		车间	
一	00331，00332						
工步	工步内容	刀具号	刀具名称	主轴转速/ (r/min)	进给速度/ (mm/r)	背吃刀量/ mm	备注
1							
2							
3							
4							
5							
6							
工序号	程序编号	//	//	//	//	//	//
二	00333，00334	//	//	//	//	//	//
工步	工步内容	//	//	//	//	//	//
1							
2							
3							
4							
5							
6							
编制		审核		批准		日期	

2. 编程注意事项

该零件中 2×2 的槽可以采用手动的方式车削。

M24 的内孔可以安排与 $\phi 32$，$\phi 24$ 的阶台孔一起车削，也可以在车螺纹前车削。

3. 车削程序分析

根据上述分析,套(一)零件的车削程序见表 3-12、表 3-13、表 3-14 和表 3-15,请大家在前面学习的基础上自行填写。

表 3-12 ϕ 44 轮廓车削程序

程序清单（O0331）	注 释

表 3-13　内阶台车削程序

程序清单（O0332）	注　　释
程序清单（O0332）	注　　释

表 3-14 φ60 轮廓车削程序

程序清单（O0333）	注　释

表 3-15 内螺纹车削程序

程序清单(O0334)	注　释

任务实施

1. 准备工作

车削套的准备事项见表 3-16。

表 3-16　车削套的准备事项

准备事项	准 备 内 容
设备	数控车床
刀具	45°车刀、90°车刀、钻头、镗孔刀、内沟槽刀、外切槽刀、内三角螺纹刀等
材料	45#钢(φ65×65 两段)
量具	游标卡尺、千分尺、内径量表、螺纹塞规、深度千分尺等
辅具	垫刀片、对刀样板、常用工具等

2. 操作步骤

(1) 套(一)零件的车削训练

步骤同前。

(2) 套(二)零件的编程与训练

依次完成图 3-8 所示套(二)的工艺编制、程序编写、车削加工,并在教师的组织下进行测评。

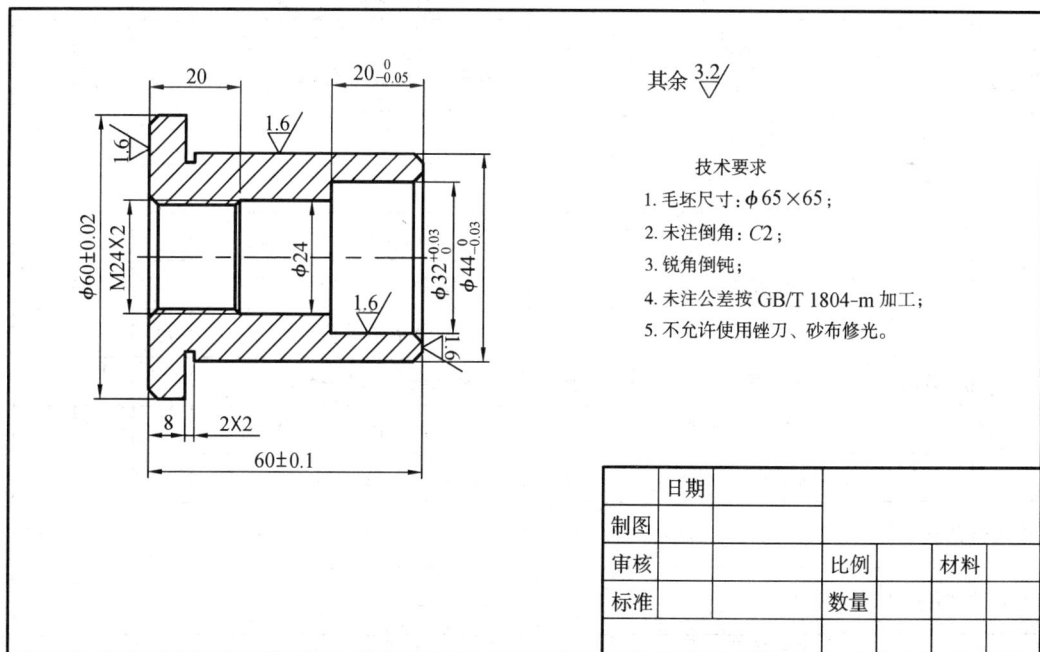

其余 3.2

技术要求

1. 毛坯尺寸:φ65×65;

2. 未注倒角:C2;

3. 锐角倒钝;

4. 未注公差按 GB/T 1804-m 加工;

5. 不允许使用锉刀、砂布修光。

图 3-8　套(二)

① 工艺编制(自行绘制表格完成)。

② 程序编写(自行绘制表格完成)。

③ 工件测评。

按照图样要求,逐项检测并填写套(二)的评分表 3-17。

表 3-17　套(二)评分表

零件			姓名		成绩				
项目	序号	考核内容和要求	配分	评分标准	学生自测		教师评测		
					自测	得分	检测	得分	
工艺	1	工艺编写规范、加工路线设计正确	10	加工路线设计不正确,每处酌情扣 2~5 分					
	2	刀具、切削用量选择正确	10	刀具、切削用量选择不正确,每处酌情扣 2~5 分					
编程	3	程序编写规范、指令应用正确	10	指令应用不正确,每处酌情扣 2~5 分					
外圆	4	$\phi 44_{-0.03}^{0}$	7	每超差 0.01 扣 2 分;超差 0.03 以上不得分					
	5	$\phi 60 \pm 0.02$	7						
内孔	6	$\phi 22_{0}^{+0.03}$	7						
	7	$\phi 24$	5						
螺纹 M24	8	中径	6	超差 0.01 扣 4 分					
	9	两侧 $Ra3.2$	6	降级无分					
长度	10	$20_{-0.05}^{0}$	5	每超差 0.02 扣 1 分;超差 0.06 以上不得分					
	11	60 ± 0.1	5						
	12	20	3						
其他	13	$Ra1.6$	3×3	降级不得分					
	14	$Ra3.2$	4	降级不得分					
	15	倒角 C2	2×3	不合格不得分					
	16	2×2	3	不合格不得分					
安全文明生产	17	无违章操作		有违章项,每次酌情扣 2~5 分					
	18	无撞刀及其他事故		有事故项,每次酌情扣 5~10 分					
	19	机床清洁保养		未清洁保养酌情扣 10~15 分					
需改进的地方									
教师评语									
学生签名				小组长签名					
日期				教师签名					

知识链接——自动编程

CAXA 数控车是北京北航海尔软件有限公司开发的全中文显示、面向数控车床进行自动编程的 CAM 软件。该软件界面由造型窗口和各种功能区域(菜单、工具、状态栏)组成(见图 3-9)。

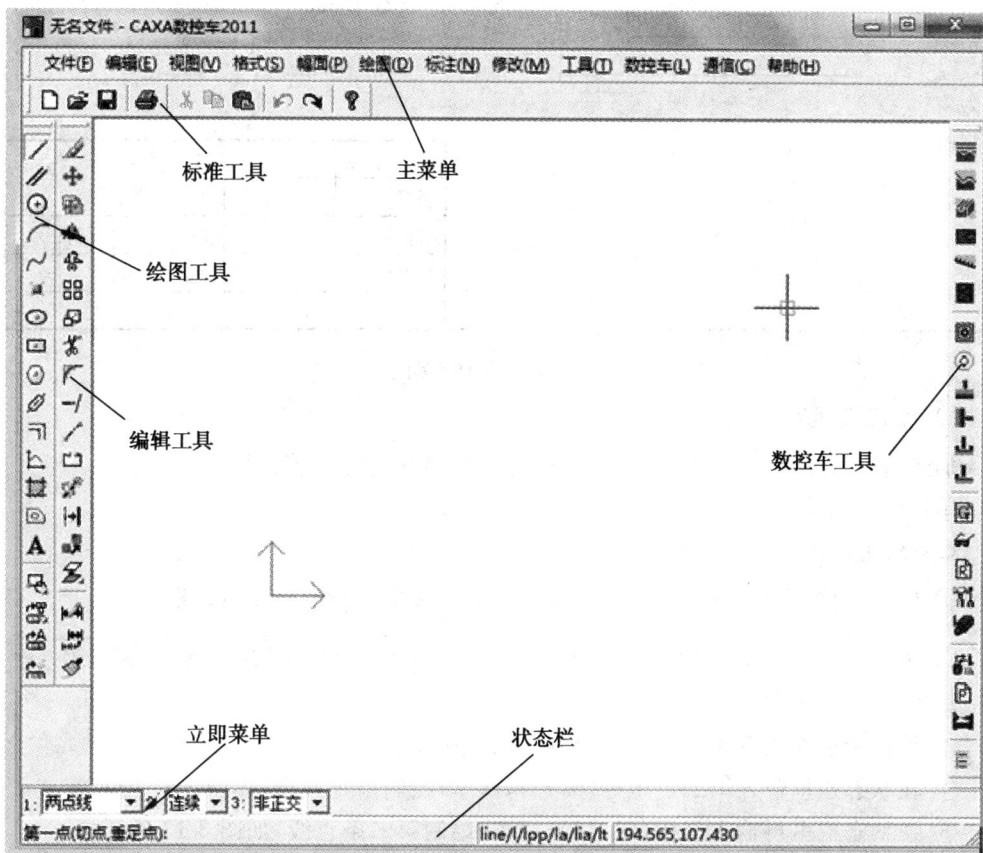

图 3-9 CAXA 数控车软件界面

该软件的自动编程过程包括加工造型、机床设置、刀路生成和后置处理四个步骤。下面结合图 3-10 所示单球手柄介绍各步骤的操作内容。

其余 3.2▽

技术要求

1. 毛坯尺寸：$\phi65\times65$；

2. 未注倒角：$C2$；

3. 锐角倒钝；

4. 未注公差按 GB/T 1804-m 加工；

5. 不允许使用锉刀、砂布修光。

	日期			
制图				
审核		比例		材料
标准		数量		

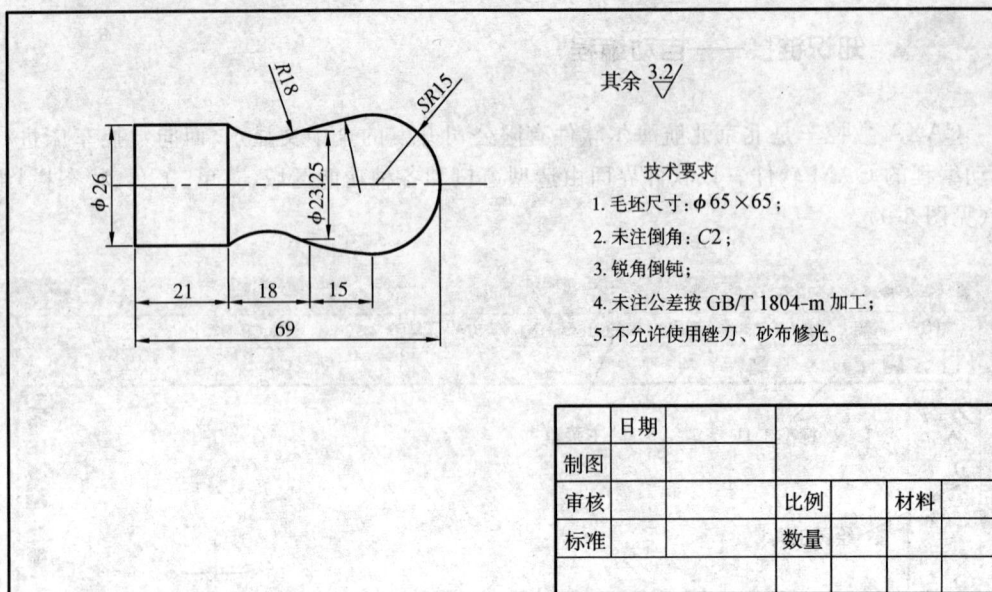

图 3-10　单球手柄

1. 加工造型

加工造型就是利用软件提供的"绘图工具"绘制出能让系统识别的二维图形。单球手柄的造型过程如下。

（1）绘制直线

① 单击"绘图工具"直线按钮 ／，系统在立即菜单中弹出直线对话框。

② 将直线对话框依次设置为：1: 两点线▼ 2: 连续▼ 3: 正交▼ 4: 点方式▼，完成绘制直线的设置。

③ 用鼠标捕捉原点作为第一点，如图 3-11 所示。

④ 在状态栏里输入第二点坐标(0,13)，回车，绘制出垂直线，如图 3-12 所示。

⑤ 在状态栏里再输入坐标(21,13)，回车，绘制第二条直线，如图 3-13 所示。

至此，完成直线的绘制。

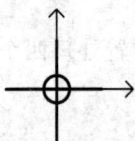

图 3-11　直线起点　　图 3-12　绘制垂直线　　图 3-13　绘制第二条直线

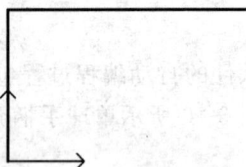

（2）绘制圆弧

① 单击"绘图工具"圆弧按钮 ／，系统在立即菜单中弹出圆弧对话框。

② 将圆弧对话框中设置为：1: 两点_半径▼，完成绘制圆弧的设置。

③ 用鼠标捕捉点(21,13)作为第一点，在状态栏里输入第二点坐标(39,11.625)，然

后输入半径值 18,回车,完成 $R18$ 圆弧线的绘制,如图 3-14 所示。

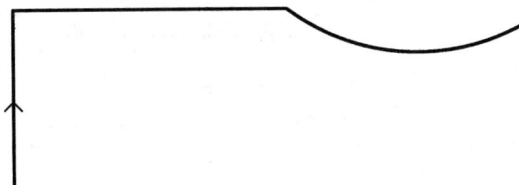

图 3-14　绘制 $R18$ 圆弧

④ 用相同方法分别绘制 $R35$,$R15$ 圆弧的绘制,如图 3-15 所示。

图 3-15　绘制 $R35$,$R15$ 圆弧

(3) 绘制封闭直线

① 单击"绘图工具"直线按钮 ╱,系统在立即菜单中弹出直线对话框。

② 将直线对话框依次设置为:1:两点线 ▼ 2:连续 ▼ 3:正交 ▼ 4:点方式 ▼,完成绘制直线的设置。

③ 用鼠标捕捉(69,0)作为第一点,如图 3-16 所示。

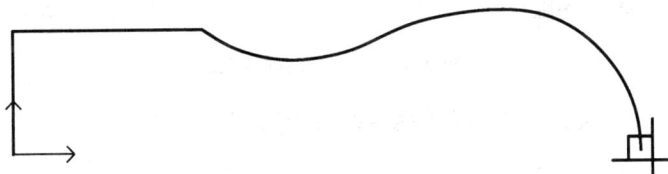

图 3-16　封闭直线第一点的选择

④ 在状态栏里输入第二点坐标(0,0),回车,完成封闭直线绘制,如图 3-17 所示。

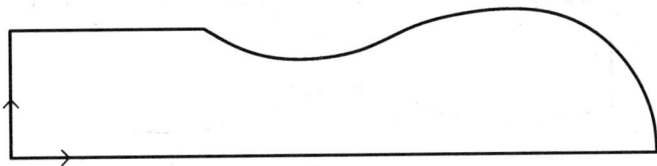

图 3-17　封闭直线的生成

(4) 平面镜像

① 单击"编辑工具"平面镜像按钮 ⚏,系统在立即菜单中弹出平面镜像对话框。

② 将平面镜像对话框依次设置为:1:选择轴线 ▼ 2:拷贝 ▼。

③ 依次选择要镜像的图形元素、镜像轴,回车,即可生成镜像图形,如图 3-18、图 3-19
所示。

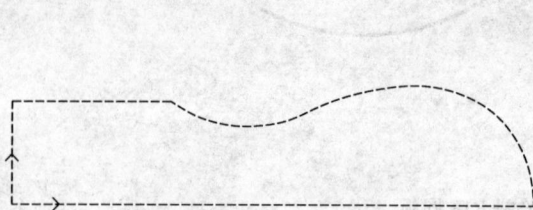

图 3-18 选择元素

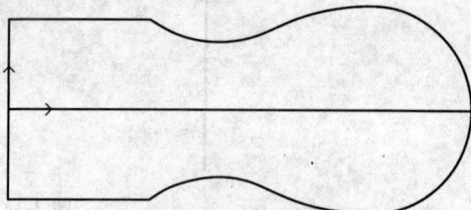

图 3-19 镜像图形的生成

(5)其他连接线

① 单击"绘图工具"直线按钮 ╱ ,系统在立即菜单中弹出直线对话框。

② 将直线对话框依次设置为: 1:两点线 ▼ 2:连续 ▼ 3:正交 ▼ 4:点方式 ▼ ,
完成绘制直线的设置。

③ 用鼠标捕捉要直线连接的两个点,如图 3-20 所示。

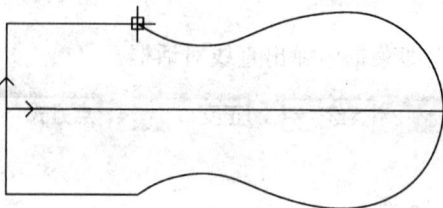

(a) 第一点的捕捉

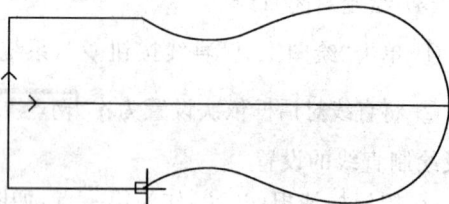

(b) 第二点的捕捉

图 3-20 直线两点的捕捉

④ 点击鼠标左键完成连接线的绘制,如图 3-21 所示。

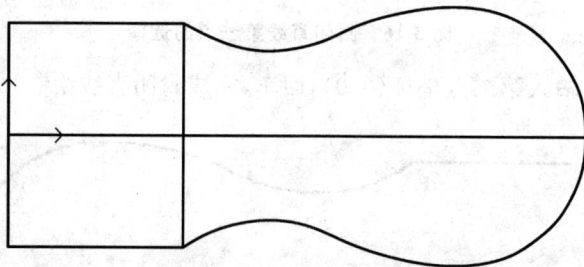

图 3-21 连接线的生成

2. 机床设置

机床设置就是针对不同的机床、不同的数控系统,设置特定的数控代码、数控程序格
式及参数,并生成配置文件。

单击"数控车工具"机床设置按钮 ,系统弹出"机床类型设置"对话框,如图 3-22 所示。

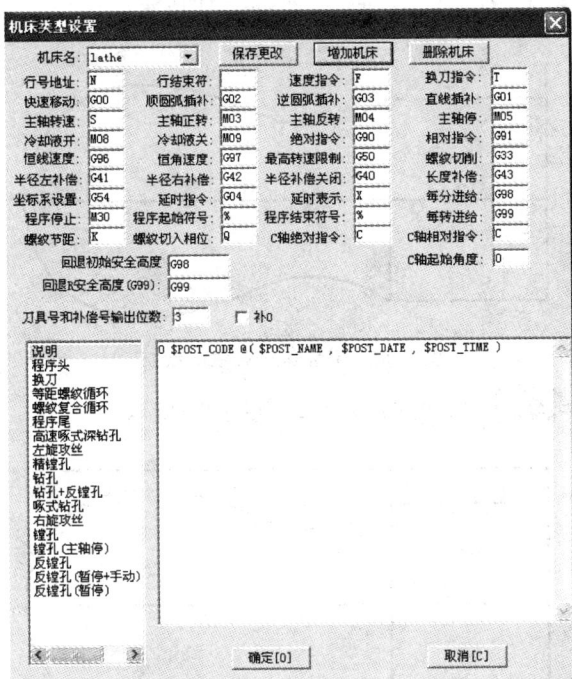

图 3-22 机床类型设置对话框

在该对话框中,操作者可根据使用机床,对参数进行设置。系统根据该配置文件的定义,生成用户所需要的特定代码格式的加工指令。

3. 刀路生成

刀路生成就是生成零件的车削轨迹,例如对单球手柄,设置毛坯为 $\phi 35$ 棒料,具体步骤如下。

(1)绘制毛坯

① 单击"绘图工具"直线按钮 ,系统在立即菜单中弹出直线对话框。

② 将直线对话框依次设置为:1: 两点线 ▼ 2: 连续 ▼ 3: 正交 ▼ 4: 点方式 ▼ ,完成绘制直线的设置。

③ 在之前加工造型图的基础上,用鼠标捕捉第一点,如图 3-23 所示。

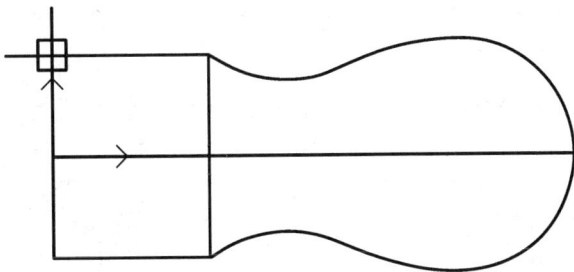

图 3-23 毛坯第一点的捕捉

④ 在立即菜单中输入(0,17.5),回车,如图 3-24 所示。

图 3-24　毛坯第一条线的绘制

⑤ 在立即菜单中输入(69,17.5),回车,如图 3-25 所示。

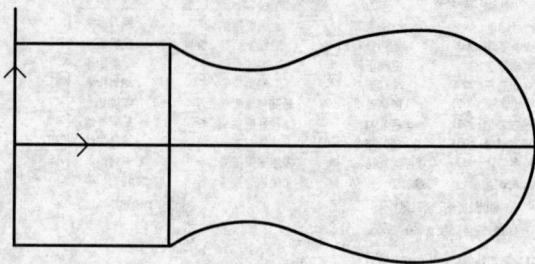

图 3-25　毛坯第一条线的绘制

⑥ 在立即菜单中输入(69,0),回车,完成 ϕ35 毛坯的绘制,如图 3-26 所示。

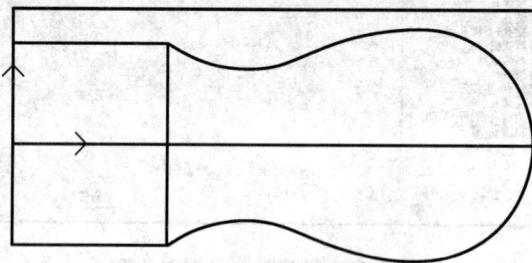

图 3-26　ϕ35 毛坯绘制

(2)填写轮廓粗车参数表

单击"数控车工具"轮廓粗车按钮 ，弹出轮廓粗车参数设置对话框,如图 3-27 所示。

在该对话框中,依次确定加工参数,选择进退刀方式,切削用量与轮廓车刀,完成轮廓粗车参数表的填写。

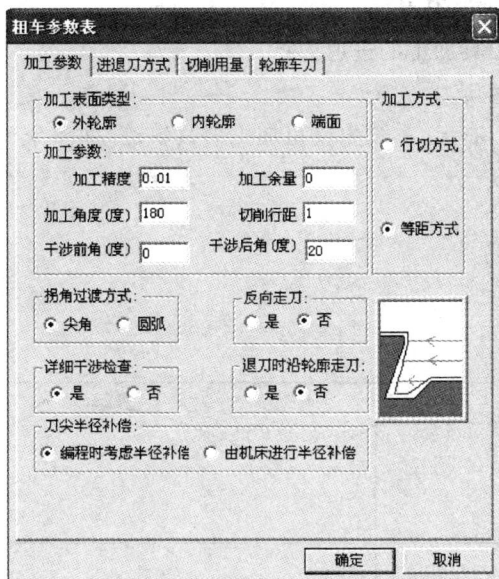

图 3-27　轮廓粗车参数对话框

（3）粗加工轮廓拾取

① 在立即菜单中将拾取方式对话框设置为：1:单个拾取▼ 2:链拾取精度0.05。

② 依次拾取被加工轮廓，点击鼠标右键，如图 3-28 所示。

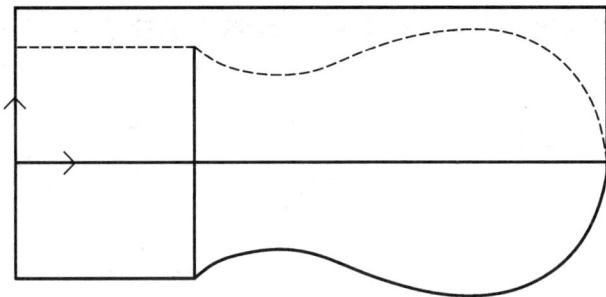

图 3-28　被加工轮廓的拾取

③ 拾取毛坯轮廓，点击鼠标右键，如图 3-29 所示。

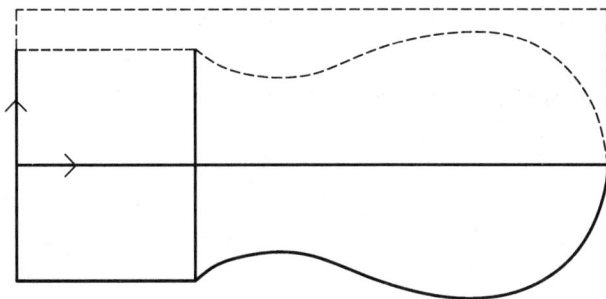

图 3-29　毛坯轮廓的拾取

（4）确定轮廓粗车进退刀点

指定(10,40)作为刀具加工的进退刀点。

（5）刀具加工轨迹生成

确定进退刀点之后，右击，系统生成粗加工刀具轨迹，如图3-30所示。

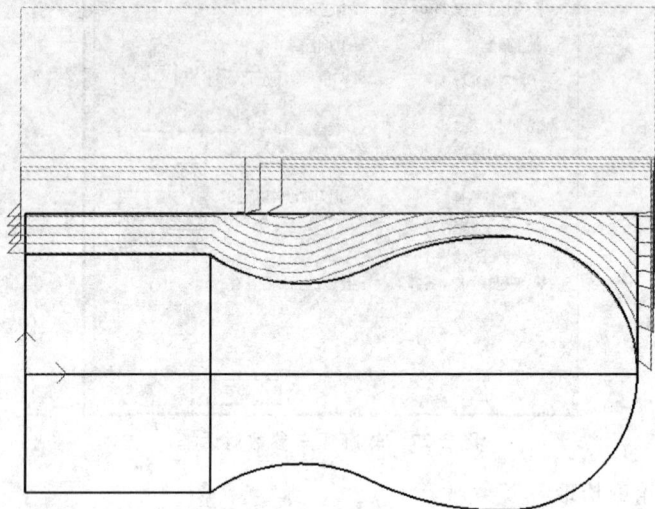

图3-30　粗加工轨迹

（6）精加工图形设置

只画出待加工轮廓的上半部分即可，其绘图方法参考加工造型绘制，如图3-31所示。

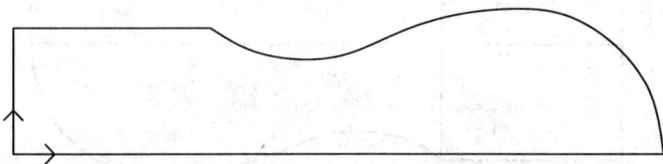

图3-31　精加工图形绘制

（7）填写精加工参数表

单击"数控车工具"轮廓精车按钮 ![按钮]，弹出轮廓精车参数设置对话框，如图3-32所示。

在该对话框中，依次确定加工参数，选择进退刀方式，切削用量与轮廓车刀，完成轮廓精车参数表的填写。

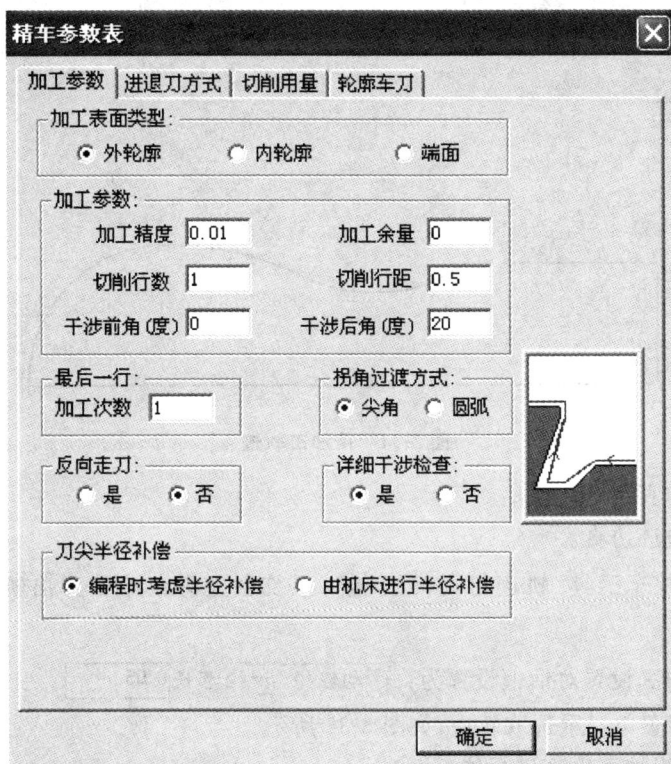

图 3-32　轮廓精车参数对话框

（8）拾取精加工轮廓

① 在立即菜单中将拾取方式对话框设置为：1:单个拾取　2:链拾取精度 0.05。

② 依次拾取精加工轮廓，点击鼠标右键，如图 3-33 所示。

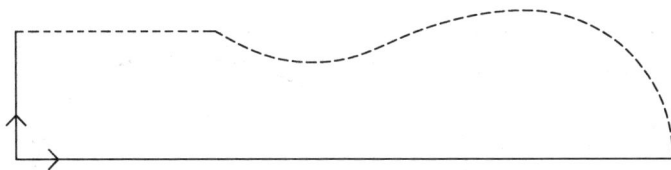

图 3-33　精加工轮廓的拾取

（9）确定轮廓精车进退刀点

指定（10,40）作为刀具加工的进退刀点。

（10）刀具加工轨迹生成

确定进退刀点之后，右击，系统生成精加工刀具轨迹，如图 3-34 所示。

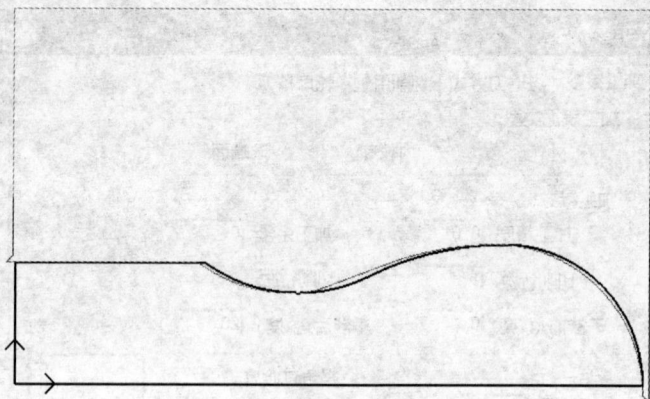

图 3-34 精加工轨迹

(11) 轨迹仿真

① 粗加工轨迹仿真。

a. 单击"数控车工具"轨迹仿真按钮 ▶ ，系统在立即菜单中弹出轨迹仿真设置对话框。

b. 将轨迹仿真设置对话框设置为：1: 动态 ▼ 2: 步长 0.05 。

c. 根据立即菜单提示选取轨迹，如图 3-35 所示。

d. 右击，对粗加工轨迹进行仿真。

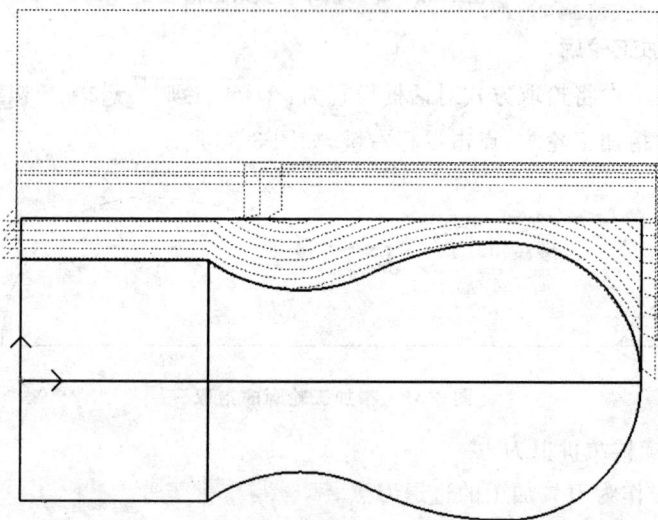

图 3-35 粗加工轨迹拾取

② 精加工轨迹仿真。

精加工轨迹仿真和粗加工仿真相同，如图 3-36 所示。

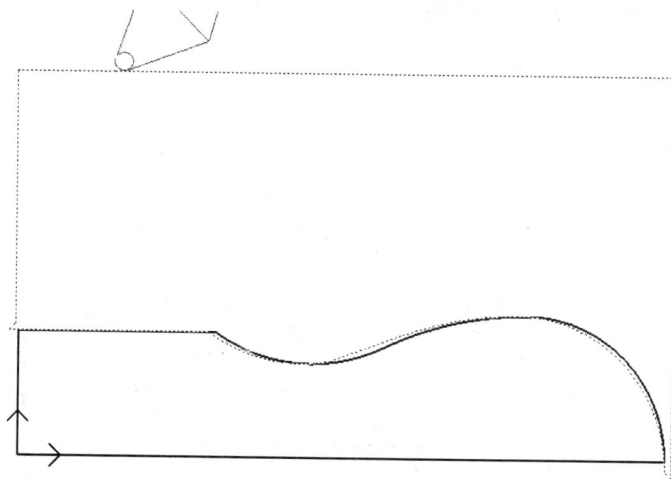

图 3-36　精加工轨迹仿真

4. 后置处理

后置处理就是针对特定的机床,结合已经设置好的机床配置,对后置输出的数控程序的格式,如程序段行号、程序大小、数据格式、编程方式、圆弧控制方式等进行设置。

（1）粗加工代码生成

① 单击“数控车工具”代码生成按钮 🔳，系统弹出生成后置代码对话框。

② 对生成后置代码对话框中的文件名和保存路径等进行设置,然后点确定,如图 3-37所示。

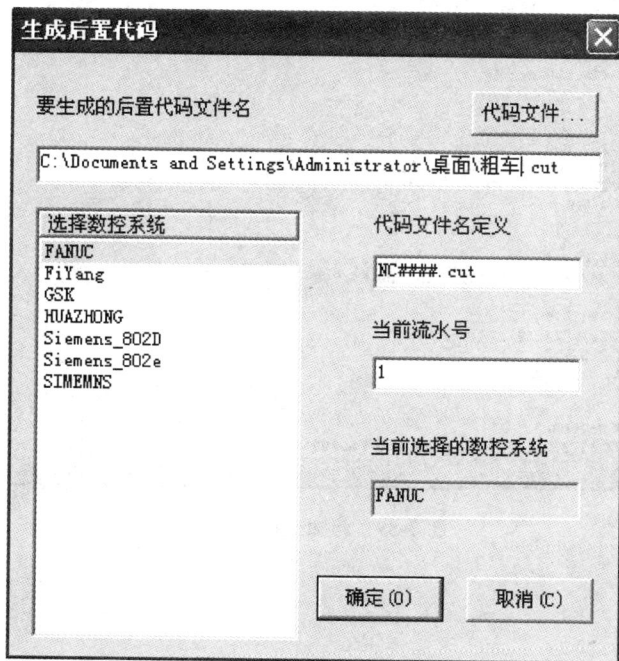

图 3-37　生成后置代码对话框设置

③ 拾取粗加工轮廓，如图 3-38 所示。

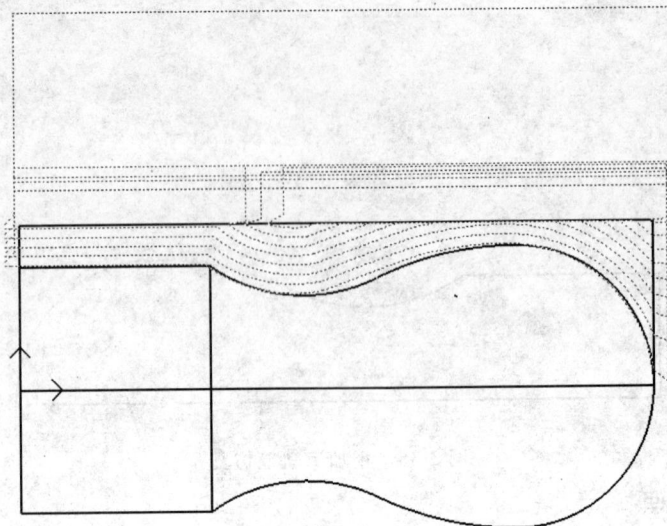

图 3-38　粗加工轮廓拾取

④ 点击鼠标右键，生成 G 代码，如图 3-39 所示。

图 3-39　粗加工代码生成

（2）精加工代码生成

精加工代码生成步骤和粗加工相同，如图 3-40 所示。

```
NC0002.cut - 记事本
文件(F) 编辑(E) 格式(O) 查看(V) 帮助(H)
%
O1234
(NC0002,01/21/14,14:15:57)
N10 G50 S10000
N12 G00 G97 S600 T00
N14 M03
N16 M08
N18 G00 X80.000 Z10.000
N20 G00 Z69.707
N22 G00 X40.000
N24 G00 X-3.414
N26 G00 X-2.000 Z69.000
N28 G99 G03 X30.000 Z53.000 I0.000 K-16.000 F0.200
N30 G03 X25.658 Z40.683 I-36.000 K-0.005
N32 G01 X20.228 Z33.224
N34 G02 X26.000 Z20.315 I16.726 K-3.038
N36 G01 Z-1.000
N38 G00 X27.414 Z-0.293
N40 G00 X40.000
N42 G00 X80.000
N44 G00 Z10.000
N46 M09
N48 M30
%
                                              Ln 1, Col 1
```

图 3-40　精加工代码生成

项目四

复杂零件的编程与加工

本项目围绕图 4-1 所示组合件的加工，通过三个任务，讲解了数控车削复杂零件，包括多个相同表面、非圆曲线轮廓的编程方法，组合件的工艺编制和编程方法。

◎ **知识目标**：掌握常用编程指令的格式与使用方法；

熟悉子程序的调用与宏程序的编制方法；

能利用数学方法进行简单的基点计算。

◎ **技能目标**：能灵活运用常用编程指令编写程序；

熟练进行零件的数控车削工艺编制；

熟练操作设备进行零件的数控车削；

掌握车削精度的保证方法；

能独立处理常见故障。

◎ **素养目标**：牢固树立正确的质量意识；

具备一定的逻辑思维能力；

培养团队协作能力；

养成良好的工作习惯。

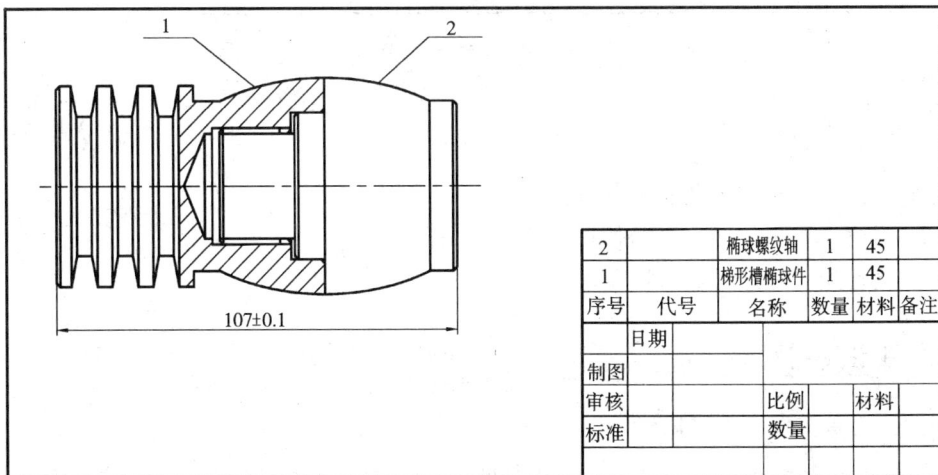

107±0.1

2		椭球螺纹轴	1	45	
1		梯形槽椭球件	1	45	
序号	代号	名称	数量	材料	备注
	日期				
制图					
审核			比例		材料
标准			数量		

图 4-1　组合件

任务一　多个相同表面的编程与加工

任务描述

该任务引导学生学会图 4-2 所示多直槽件的工艺编写与程序编制,并在教师指导下完成图 4-5 所示多梯形槽件的工艺编写、程序编制、数控车削。

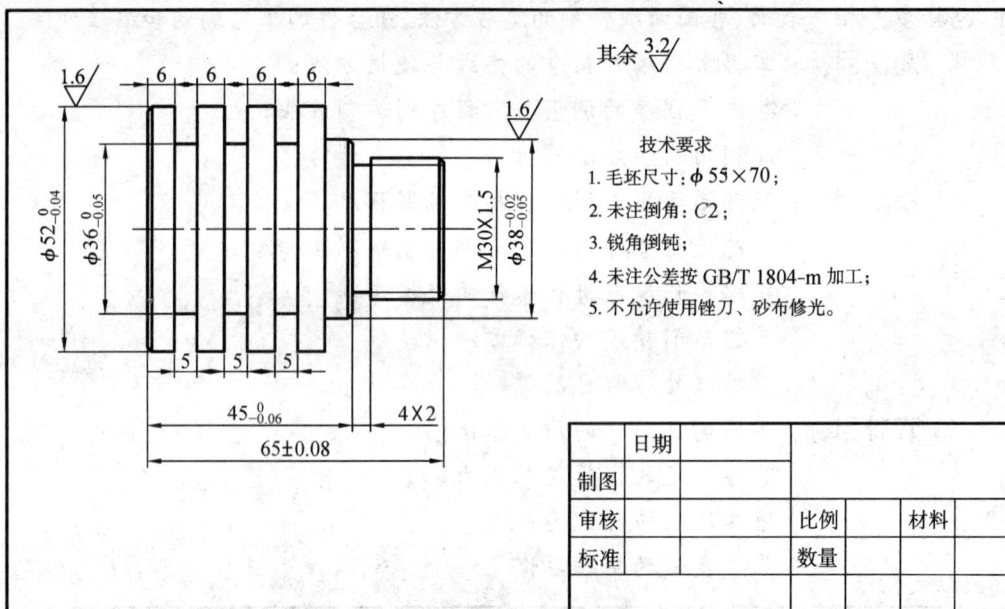

其余 $\frac{3.2}{\triangledown}$

技术要求
1. 毛坯尺寸:$\phi 55 \times 70$;
2. 未注倒角:$C2$;
3. 锐角倒钝;
4. 未注公差按 GB/T 1804-m 加工;
5. 不允许使用锉刀、砂布修光。

	日期			
制图				
审核		比例		材料
标准		数量		

图 4-2　多直槽件

学习目标

1. 掌握数控车削工艺的编制方法。
2. 了解增量坐标的含义与使用方法。
3. 会使用子程序编制车削程序。

知识讲解

1. 多直槽件的工艺编制

在前面学习的基础上,我们知道,该工件可以分为两个工序分别对左侧槽和右侧螺纹进行加工(见表 4-1),请大家在前面学习的基础上自行填写。

表 4-1　多直槽件的车削工艺

机械加工工艺表						
单位名称		产品名称或代号		零件名称		零件图号
工序号	程序编号	夹具名称		使用设备		车　间
一	O0411, O0412					
工步	工步内容	刀具号	刀具名称	主轴转速/(r/min)	进给速度/(mm/r)	背吃刀量/mm　备注
1						
2						
3						
4						
工序号	程序编号	//	//	//	//	// //
二	O0413, O0414	//	//	//	//	// //
工步	工步内容	//	//	//	//	// //
1						
2						
3						
4						
5						
6						
编制		审核		批准		日期

2. 增量坐标的含义与使用

绝对坐标是指所有点的坐标是相对同一个固定原点给出的,在 FANUC 系统中用地址 X, Y, Z 分别加以表达。

增量坐标是指所有运动终点的坐标是相对起点给出的,在 FANUC 系统中用地址 U, V, W 分别加以表达。

因数控车床只有 X 方向与 Z 方向的运动,所以对 Y 坐标与 V 坐标不做讨论。

例如,在项目二任务二的图 2-13 中,点 A 到点 G 的绝对坐标和增量坐标分别见表4-2和表 4-3。

表 4-2　绝对坐标

基点	X 坐标	Z 坐标
A	14	0
B	18	-2
C	18	-25
D	28	-25
E	28	-35
F	34	-35
G	38	-75

表 4-3　增量坐标

基点	U 坐标	W 坐标
A	//	//
B	4	-2
C	0	-23
D	10	0
E	0	-10
F	6	0
G	4	-40

用绝对坐标和增量坐标编写的程序段分别见表 4-4 和表 4-5。

表 4-4　绝对坐标编写的程序段

G01　X14　Z0
G01　X18　Z-2
G01　X18　Z-25
G01　X28　Z-25
G01　X28　Z-35
G01　X34　Z-35
G01　X38　Z-75

表 4-5　增量坐标编写的程序段

G01　X14　Z0
G01　U4　W-2
G01　U0　W-23
G01　U10　W0
G01　U0　W-10
G01　U6　W0
G01　U4　W-40

👁 **小提示**

　　绝对坐标编程时,根据系统的自保持功能,可以对上下一致的坐标采用省略的方法简化程序,但是相对坐标编程时,最好不要采用。

3. 子程序的使用方法

(1) 子程序指令介绍

子程序使用的编程指令见表 4-6。

表 4-6　FANUC 系统指令说明(四)

指令	格式	注　释
子程序调用	M98 P	该指令出现在需要调用子程序的地方,P 后面 7 位有效数字,其中前三位表示调用次数(只调用一次可以省略),后四位表示调用的子程序号
子程序返回	M99	该指令出现在子程序的最后一句,表示从子程序返回主程序(上一级子程序)

（2）子程序使用说明

当主程序中出现 M98 指令时，系统会根据后接的程序号去调用对应的子程序；当子程序进行到 M99 时，系统指针会返回主程序中 M98 的下一个程序段进行执行，如图 4-3 所示。

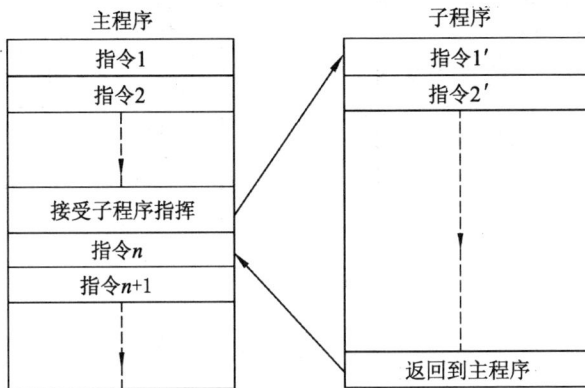

图 4-3　程序执行顺序

子程序也可调用下级子程序，称为子程序嵌套。FANUC 系统规定子程序可进行 4 级嵌套，如图 4-4 所示。

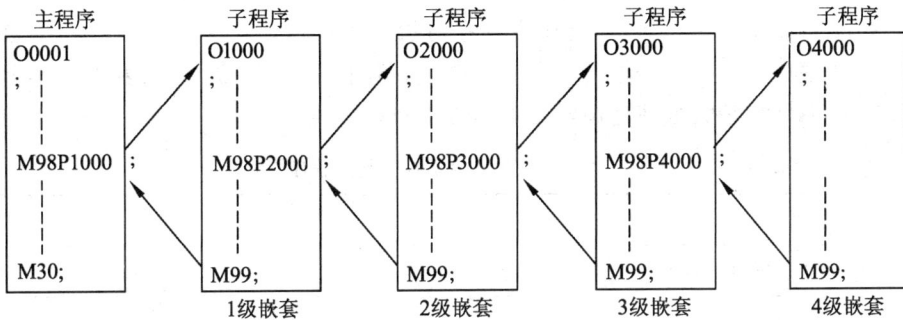

图 4-4　子程序嵌套执行顺序

子程序经常用来处理编程中相同的走刀路线或者零件图中相同、相似的轮廓形状，但是其中的坐标一般采用增量表达方式。

（3）多直槽件程序片段

该图形中出现的 3 个直槽可以采用两种方法进行程序的编制。方法一：对各个槽分别进行编程。方法二：针对其中一个槽编写走刀的子程序，然后用主程序进行 3 次调用。下面用方法二对 3 个槽进行车削程序的编制。

根据项目二任务三中槽的编程方法，可以获得第一个槽的程序片段（见表 4-7），用增量坐标改写的程序片段（见表 4-8），假想刀具宽度为 3.5 mm。

表 4-7　第一个槽的程序片段

G00	X55	Z−9.7
G01	X36	Z−9.7　F0.15
G00	X55	Z−9.7
G00	X55	Z−10.8
G01	X36	Z−10.8
G00	X55	Z−10.8
G00	X55	Z−11
G01	X36	Z−11
G01	X36	Z−9.7
G01	X55	Z−9.7

表 4-8　用增量坐标改写的程序片段

//		
G01	U−19	W0　F0.15
G00	U19	W0
G00	U0	W−1.1
G01	U−19	W0
G00	U19	W0
G00	U0	W−0.2
G01	U−19	W0
G01	U0	W1.3
G01	U19	W0

　　将表 4-8 的程序片段编写成子程序,用主程序分别在$(X55\quad Z−9.7),(X55\quad Z−20.7),$ $(X55\quad Z−31.7)$坐标处调用,即可完成 3 个直槽的车削(见表 4-9、表 4-10)。

4．多直槽件车削程序分析

·　根据前面的分析,该零件的车削程序有 4 个,左侧用两个程序,第一个程序(主程序)(见表4-9)既完成外圆的车削,也用作主程序对第二个程序(子程序)(见表 4-10)进行调用,第二个程序(子程序)用于槽的车削;右侧也用两个程序(见表 4-11、表 4-12),分别用于车削轮廓和螺纹,请大家在前面学习的基础上自行填写。

表 4-9　多直槽件左侧车削主程序

程序清单(O0411)	注　　释
N10　G99　M03　S500	
N20　T0202	
N30　G00　X60　Z100	
N40　G00　X55　Z5	
N50　G90　X53.6　Z−40　F0.2	
N60　X52.6	
N70　G00　X60　Z100	
N80　M05	
N90　M00	
N100　M03　S800	
N110　T0101	

续表

程序清单(O0411)	注 释
N120 G00 X52 Z5	
N130 G01 Z—40 F0.15	
N140 G00 X60 Z100	
N150 M05	
N160 M03 S500	
N170 T0303	
N180 G00 X55 Z—9.7	
N190 M98 P0412	
N200 G00 X55 Z—20.7	
N210 M98 P0412	
N220 G00 X55 Z—31.7	
N230 M98 P0412	
N240 G00 X60 Z100	
N250 M05	
N260 M30	

表 4-10 多直槽件左侧车削子程序

程序清单(O0412)	注 释
N10 G01 U—19 W0 F0.15	
N20 G00 U19 W0	
N30 G00 U0 W—1.1	
N40 G01 U—19 W0	
N50 G00 U19 W0	
N60 G00 U0 W—0.2	
N70 G01 U—19 W0	
N80 G01 U0 W1.3	
N90 G01 U19 W0	
N100 M99	

表 4-11　多直槽件右侧车削轮廓程序

程序清单(O0413)	注　释

表 4-12 多直槽件右侧车削螺纹程序

程序清单（O0414）	注 释

任务实施

1. 准备工作

车削槽件的准备事项见表 4-13。

表 4-13　车削槽件的准备事项

准备事项	准 备 内 容
设备	数控车床
刀具	45°车刀、90°车刀、外切槽刀、外三角螺纹刀、钻头、镗孔刀、内沟槽刀、内三角螺纹刀等
材料	45#钢(φ55×70，φ55×75 各一段)
量具	游标卡尺、千分尺、内径量表、螺纹环规、螺纹塞规、深度千分尺等
辅具	垫刀片、对刀样板、常用工具等

2. 操作步骤

（1）多直槽件的车削训练

参照前面所介绍的零件车削步骤进行车削加工。

（2）多梯形槽件的编程与车削训练

依次完成图 4-5 所示多梯形槽件的工艺编制、程序编写、车削加工，并在教师的组织下进行测评。

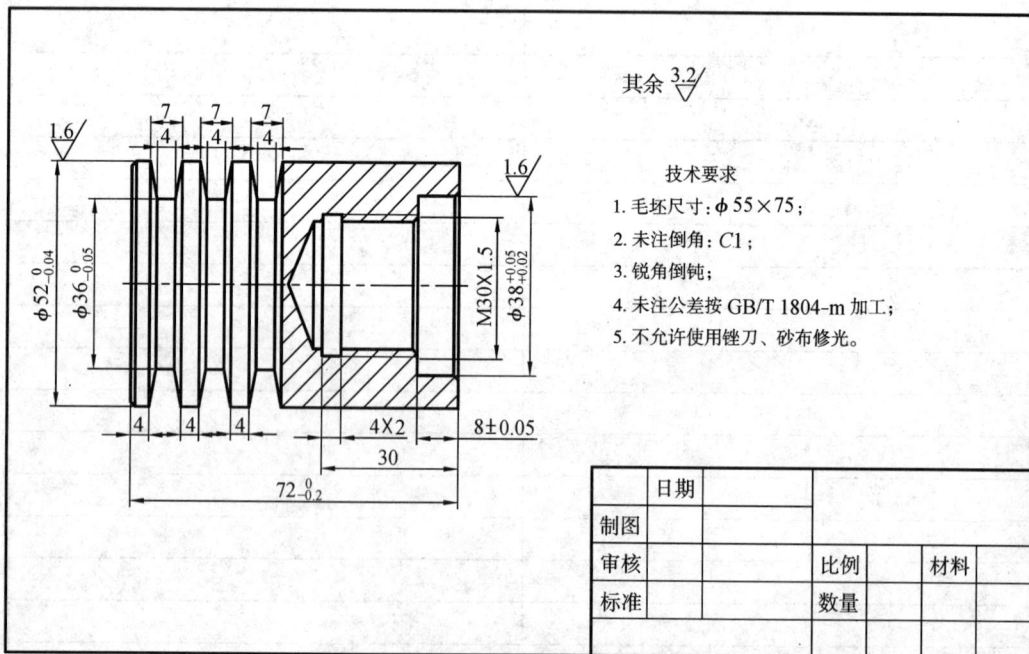

其余 3.2

技术要求
1. 毛坯尺寸：φ55×75；
2. 未注倒角：C1；
3. 锐角倒钝；
4. 未注公差按 GB/T 1804-m 加工；
5. 不允许使用锉刀、砂布修光。

图 4-5　多梯形槽件

① 工艺编制（自行绘制表格完成）。

② 程序编写（自行绘制表格完成）。

③ 工件测评。

按照图样要求，逐项检测并填写多梯形槽件评分表 4-14。

表 4-14　多梯形槽件评分表

零件					姓名		成绩				
项目	序号	考核内容和要求		配分	评分标准		学生自测		教师评测		
							自测	得分	检测	得分	
工艺	1	工艺编写规范、加工路线设计正确		10	加工路线设计不正确，每处酌情扣 2~5 分						
	2	刀具、切削用量选择正确		10	刀具、切削用量选择不正确，每处酌情扣 2~5 分						
编程	3	程序编写规范、指令应用正确		10	指令应用不正确，每处酌情扣 2~5 分						
外圆	4	$\phi 52_{-0.04}^{0}$		6	每超差 0.01 扣 2 分；超差 0.03 以上不得分						
	5	$\phi 36_{-0.05}^{0}$		6							
内孔	6	$\phi 38_{+0.02}^{+0.05}$		6							
长度	7	$72_{-0.2}^{0}$		4	每超差 0.02 扣 1 分；超差 0.06 以上不得分						
	8	8 ± 0.05		4							
	9	30		2							
槽	10	7		2×3	不合格不得分						
	11	4		2×7							
螺纹 M30	12	中径		4	超差 0.01 扣 4 分						
	13	两侧 $Ra3.2$		3	降级无分						
其他	14	$Ra1.6$		2×2	降级不得分						
	15	$Ra3.2$		5	降级不得分						
	16	倒角 C1		2×3	不合格不得分						
安全文明生产	17	无违章操作		有违章项，每次酌情扣 2~5 分							
	18	无撞刀及其他事故		有事故项，每次酌情扣 5~10 分							
	19	机床清洁保养		未清洁保养酌情扣 10~15 分							
需改进的地方											
教师评语											
学生签名				小组长签名							
日期				教师签名							

任务二　非圆曲线轮廓的编程与加工

任务描述

该任务引导学生学会图 4-6 所示椭球螺纹轴的工艺编写与程序编制,并在教师指导下完成图 4-10 所示椭圆轴零件的工艺编写、程序编制、数控车削。

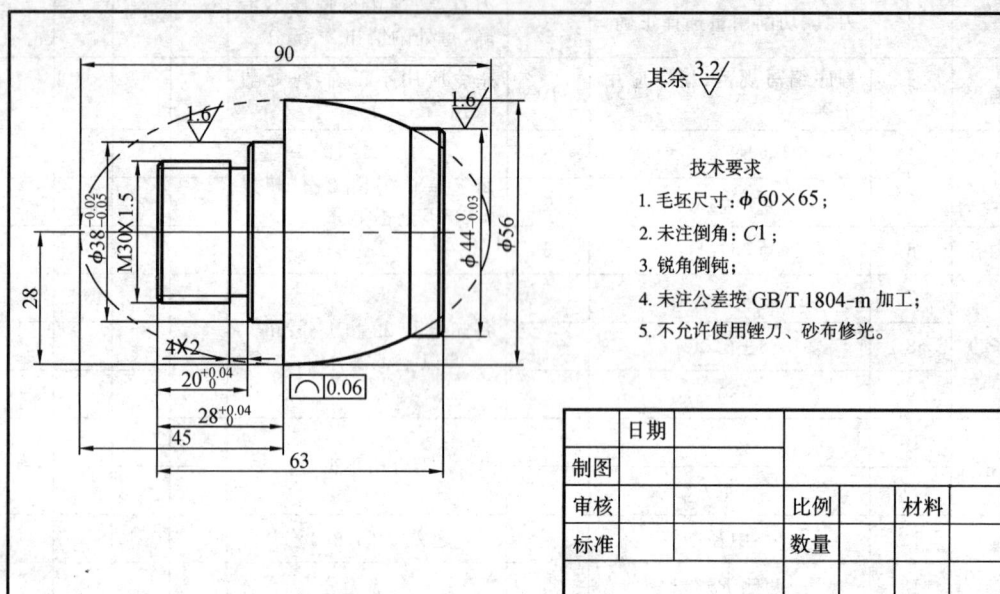

其余 $\sqrt{\dfrac{3.2}{}}$

技术要求
1. 毛坯尺寸: $\phi 60 \times 65$;
2. 未注倒角: $C1$;
3. 锐角倒钝;
4. 未注公差按 GB/T 1804-m 加工;
5. 不允许使用锉刀、砂布修光。

	日期			
制图				
审核		比例		材料
标准		数量		

图 4-6　椭球螺纹轴

学习目标

1. 能合理编制数控车削工艺。
2. 了解 FANUC 系统宏程序的格式与使用方法。
3. 会使用宏程序编制简单非圆曲线程序。

知识讲解

1. 宏程序简介

(1)变量

① 变量的表示。

FANUC 系统用变量有两种表示方法。方法一：＃＋变量序号，如＃1，＃2，＃1 000，＃9 999 等；方法二：＃＋[表达式]，如＃[5＋3]，＃[＃1－＃3]等。

② 变量的使用。

经常用变量代替地址后的数字表示数控程序中的一个"字"。例如，当＃1＝50，＃2＝120，＃3＝30，＃4＝0.2 时，程序段 G01　X＃1　Z[＃2－＃3]　F＃4 等效于程序段 G01　X50　Z90　F0.2。

③ 变量的类型。

FANUC 系统用变量有四种类型，即空变量、局部变量、公共变量与系统变量（见表 4-15）。

表 4-15　FANUC 系统用变量类型

变量号	变量类型	功　能
＃0	空变量	该变量总是空，没有值能赋给该变量
＃1—＃33	局部变量	局部变量只能用在宏程序中存储数据，当断电时，局部变量被初始化为空。调用宏程序时，自变量对局部变量赋值
＃100—＃199 ＃500—＃999	公共变量	公共变量在不同的宏程序中的意义相同。当断电时，变量＃100—＃199初始化为空；变量＃500—＃999 的数据保存
＃1 000—	系统变量	系统变量用于读和写 CNC 的各种数据

编程时，常用局部变量进行赋值与运算。

（2）运算

FANUC 系统用变量的运算有算术和逻辑运算、条件运算两种。

算术和逻辑运算用于进行四则运算和逻辑运算，其功能与格式见表 4-16；条件运算用于条件表达式中作为程序跳转的条件，其符号与含义见表 4-17。

表 4-16　算术和逻辑运算符

功　能	格　式	备　注
定义	＝	
加法	＋	
减法	－	
乘法	*	
除法	/	
正弦	SIN[]	
反正弦	ASIN[]	
余弦	CON[]	角度单位是（°），90°30′应表示为 90.5°
反余弦	ACOS[]	
正切	TAN[]	
反正切	ATAN[]	

续表

功　能	格　式	备　注
平方根 绝对值 四舍五入 上取整 下取整 自然对数 指数函数	SQRT[] ABS[] ROUND[] FIX[] FUP[] LN[] EXP[]	
或 异或 与	OR XOR AND	逻辑运算按二进制数一位一位地进行
从 BCD 转为 BIN 从 BIN 转为 BCD	BIN[] BCD[]	用于与 PMC 的信号交换

表 4-17　条件运算符

运算符	含　义
EQ	等于
NE	不等于
GT	大于
GE	大于等于
LT	小于
LE	小于等于

（3）跳转

程序的跳转有转移和循环两种功能。转移有无条件转移和条件转移，用于指令程序无（有）条件的转移到指定程序段处；循环用于指令程序进行循环操作，其指令格式与功能见表 4-18。

表 4-18　FANUC 系统指令说明（五）

指令	格式	注　释
无条件转移	GOTO n	无条件转移到指定程序段处，n 为转移的目标程序段
条件转移	IF［条件］GOTO n	当条件满足时，转移到指定程序段处；不满足时，顺序往下执行程序。该指令也可实现循环功能
循环	WHILE［条件］DO1 … END 1	当条件满足时，执行 WHILE 到 END 之间的循环程序；不满足时，执行 END 后面的程序

2. 用宏程序处理非圆曲线

宏程序常用来处理可以建立数学表达式的曲线，其程序的编写方法是：首先用变量对数学表达式进行改写，然后以数学中心为原点进行精车程序编写，再根据原点在编程坐标系中位置对曲线进行偏移,最后对粗车与精车进行分层处理。下面以图 4-6 所示的椭球部分编程为例进行介绍。

(1) 椭圆的数学表达式与参数表达式

通过分析可知该椭球(圆)的 Z 向轴长 90 mm,X 向轴长 56 mm,如图 4-7 所示。

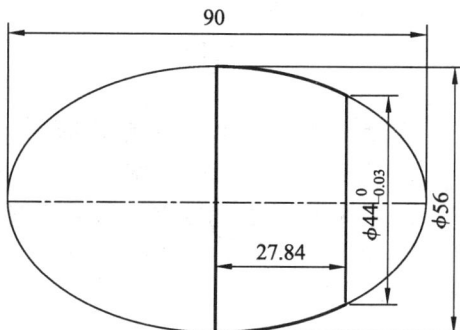

图 4-7　椭球(圆)的局部图

根据数学知识,得出该椭球(圆)的数学方程为

$$\frac{X^2}{28^2} + \frac{Z^2}{45^2} = 1$$

用 Z 作自变量,X 作因变量(因 X 在椭圆全曲线非单调,建议用 Z 作自变量),该方程转变为

$$X = 28 \times \sqrt{1 - \frac{Z^2}{45^2}}$$

若以 #1 代替 X,#2 代替 Z,则该椭球(圆)的变量方程为

$$\#1 = 28 * SQRT[1 - \#2 * \#2/2025]$$

此时,#2 为自变量,#1 为因变量。

(2) 以数学中心为原点进行精车程序编写

以数学中心为原点进行编程的步骤是:坐标计算—直线插补—递减(增)计算—终点判断。

① 坐标计算。

该步骤计算曲线的起点与终点坐标。

起点坐标是用来指定刀具切削的起点位置,一般只计算起点的自变量坐标,因变量由系统根据输入的参数方程自行计算。

图 4-7 中起点坐标的参数表达形式为

$$\#2 = 27.84$$
$$\#1 = 28 * SQRT[1 - \#2 * \#2/2025] * 2$$

终点坐标是用来指定刀具切削的终点位置并进行终点判断,如果用自变量进行终点判断,则计算终点的自变量坐标;如果用因变量进行终点判断,则计算终点的因变量坐标。

该图采用自变量进行终点判断,其坐标为 0。

② 直线插补。

该步骤指令刀具插补到曲线的中间点,即

$$G01 \quad X\#1 \quad Z\#2$$

③ 递减(增)计算。

该步骤指令 Z 坐标(#2)递减(增),即

$$\#2=\#2-1$$

④ 终点判断。

该步骤对 Z 坐标(#2)进行条件判断,用以建立循环,即

$$IF \quad [\#2 \quad GE \quad 0] \quad GOTO \quad n$$

此处,n 是指向计算下一点 X 坐标(#1)的程序段,即指向程序段

$$\#1=28*SQRT[1-\#2*\#2/2025]*2$$

⑤ 得出该椭球(圆)的精车程序片段。

该椭球(圆)程序片段的编写方法是:先将曲线沿 Z 向等分,由系统根据变量方程得出每一个等分点的 X,Z 坐标,再用直线插补指令沿 Z 向将各等分点"连接"起来(见表 4-19)。

表 4-19　椭球(圆)的精车程序片段(一)

程　序	注　释	步　骤
#2=27.84	起点的 Z 坐标	坐标计算
N100　#1=28 * SQRT[1-#2 * #2/2025] * 2	曲线段每点的 X 坐标	
G01 X#1 Z#2	直线插补到曲线的每个计算点	直线插补
#2=#2-1	Z(自变量)坐标递减,用以计算曲线的每个点	递减(增)计算
IF [#2 GE 0] GOTO 100	对曲线进行终点判断	终点判断

👁 小提示

如果按此车削的曲线轮廓较粗糙,或与实际轮廓偏差较大,可将等分量减小,例如,可用#2=#2-0.5 以减小等分量。

(3) 以编程原点进行编程

表 4-19 所示椭球(圆)的程序片段是以该椭球(圆)的数学中心为编程原点进行编写的,实际编程时,都是以工件的前端面的回转中心为编程原点。两者的转换是利用坐标偏移来进行的,其过程是:先找出实际编程原点和数学中心之间的距离,再在对应的坐标上加上该距离(注意方向)进行坐标偏移。

① 找出实际编程原点和数学中心之间的距离。

图 4-6 中,数学中心与实际编程原点之间的 X 距离为 0,Z 距离为-35。

② 坐标偏移。

引入变量#3 作为曲线在编程坐标系中的 X 坐标,#4 作为曲线在编程坐标系中的 Z 坐标,此时

$$\#3=\#1+2*0$$
$$\#4=\#2-35$$

③ 得出按实际编程原点编写的程序片段(见表 4-20)。

表 4-20 椭球(圆)的精车程序片段(二)

程 序	注 释	步 骤
$\#2=27.84$	数学坐标系中曲线起点的 Z 坐标	坐标计算
N100 $\#1=28*SQRT[1-\#2*\#2/2025]$	数学坐标系中曲线段每点的 X 坐标	
$\#3=\#1*2+2*0$	编程坐标系中的 X,Z 坐标	坐标偏移
$\#4=\#2-35$		
G01 X$\#3$ Z$\#4$	直线插补到曲线的每个计算点	直线插补
$\#2=\#2-1$	Z(自变量)坐标递减,用以计算曲线的每个点	递减(增)计算
IF [$\#2$ GE 0] GOTO 100	对曲线进行终点判断	终点判断

(4) 粗车与半精车的处理

① 粗车的处理。

如果曲线在 X 方向为单调减(增),可采用分层法车削(见图 4-8),车削的终点位置用变量计算得出。

此时,是在 X 方向递减,所以应以 X 作自变量,Z 作因变量,该方程转变为

$$Z=45\times\sqrt{1-\frac{X^2}{28^2}}$$

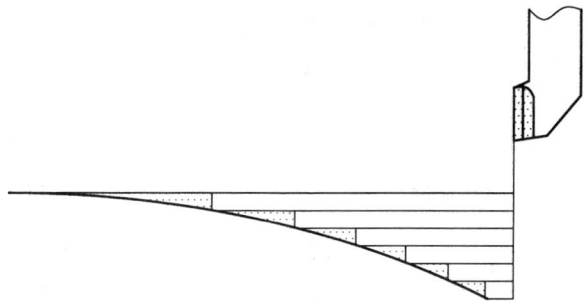

图 4-8 曲线分层示意图

转变成变量方程为

$$\#2=45*SQRT[1-\#1*\#1/784]$$

用 G90 实现每层走刀,程序片段见表 4-21。

表 4-21 分层粗车程序片段

程 序	注 释
$\#1=28$	数学坐标系中起点的 X 坐标
N100 $\#2=45*SQRT[1-\#1*\#1/784]$	数学坐标系中曲线段每点的 Z 坐标
$\#3=\#1*2+2*0$	编程坐标系中的 X,Z 坐标
$\#4=\#2-35$	

续表

程　序	注　释
G90　X#3　Z#4	用G90循环进行分层车削
#1=#1－1	X(自变量)坐标递减,用以计算曲线的每个分层点
IF　[#1　GE　22]　GOTO　100	对曲线分层进行结束判断

如果曲线在 X 方向非单调,可采用逼近法车削(见图4-9),引入变量#5(毛坯直径与曲线轮廓最小直径的差值)作为递减量,逐渐逼近曲线轮廓。

编程时,需按照每逼近一次编写一次走刀程序(见表4-22)。

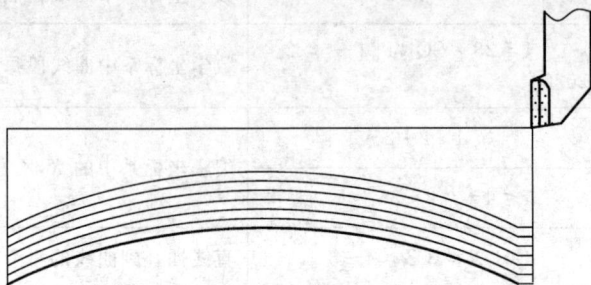

图 4-9　曲线逼近示意图

表 4-22　逼近法粗车程序片段

程　序	注　释
#5=56－44	计算毛坯直径与曲线轮廓最小直径的差值
N90　#2=27.84	数学坐标系中起点的 Z 坐标
N100　#1=28*SQRT[1－#2*#2/2025]	数学坐标系中曲线段每点的 X 坐标
#3=#1*2+2*0+#5	编程坐标系中的 X,Z 坐标
#4=#2－35	
G01　X#3　Z#4	直线插补到曲线的每个计算点
#2=#2－1	Z(自变量)坐标递减,用以计算曲线的每个点
IF　[#2　GE　－27.84]　GOTO　100	对曲线进行终点判断
G00　X60	走完一条曲线,需退至起点
Z5	
#5=#5－2	曲线递减逼近
IF　[#5　GE　0]　GOTO　90	对递减量进行判断

表4-21和表4-22所编写的粗车程序片段,没有考虑半精车和精车余量,如需留余量可在对应的变量#3与#4后面分别加上 X,Z 向的余量即可(详见表4-27)。

② 半精车的处理。

如果需要进行半精车,只需在精车程序中将#3再加上精车余量(0.5 mm)即可。

👁 **小提示**

曲线的粗车与半精车也可采用车锥度或阶台的方式进行(参考项目四任务三)。

3. 椭球螺纹轴的车削工艺

该椭球螺纹轴的车削工艺可参考前面的介绍自行编写,填入表 4-23。

表 4-23　椭球螺纹轴的车削工艺

数控加工工艺表						
单位名称		产品名称或代号		零件名称		零件图号
工序号	工序名称	夹具名称		使用设备		车　间
一						
工步	工步内容	刀具号	刀具名称	主轴转速/(r/min)	进给速度/(mm/r)	背吃刀量/mm	备注
1						
2						
3						
4						
工序号	程序编号	//	//	//	//	//	//
二		//	//	//	//	//	//
工步	工步内容	//	//	//	//	//	//
1						
2						
3						
4						
5						
6						
编制		审核		批准		日期

4. 椭球螺纹轴的车削程序分析

根据前面的分析,该零件的车削程序包括阶台轴程序、椭球程序、螺纹程序等,分别见表 4-24、表 4-25、表 4-26、表 4-27,请大家根据前面的介绍自行补充完整。

表 4-24　左侧阶台程序

程序清单(O0421)	注　释

表 4-25 左侧螺纹程序

程序清单（O0422）	注　　释

表 4-26　右侧阶台程序

程序清单(O0423)	注　释

表 4-27 椭球程序

程序清单(O0424)	注　释
N10　G99　M03　S600	
N20　T0202	
N30　G00　X60　Z5	
N40　#1=28	
N50　#2=45*SQRT[1-#1*#1/784]	
N60　#3=#1*2+2*0+1	此处预留 1 mm 半精车余量
N70　#4=#2-35	
N80　G90　X#3　Z#4　F0.2	
N90　#1=#1-1	
N100　IF　[#1　GE　22]　GOTO　50	
N110　#2=27.84	
N120　#1=28*SQRT[1-#2*#2/2025]	
N130　#3=#1*2+2*0+0.5	此处预留 0.5 mm 精车余量
N140　#4=#2-35	
N150　G01　X#3　Z#4　F0.2	
N160　#2=#2-1	
N170　IF　[#2　GE　0]　GOTO　120	
N180　G00　X60　Z100	
N190　M05	
N200　M00	
N210　M03　S1000	
N220　T0101	
N230　G00　X60　Z5	
N240　#2=27.84	
N250　#1=28*SQRT[1-#2*#2/2025]	
N260　#3=#1*2+2*0	
N270　#4=#2-35	
N280　G01　X#3　Z#4　F0.15	
N290　#2=#2-1	
N300　IF　[#2　GE　0]　GOTO　250	
N310　G00　X60　Z100	
N320　M05	
M330　M30	

任务实施

1. 准备工作

车削非圆曲线的准备事项见表 4-28。

表 4-28　车削非圆曲线的准备事项

准备事项	准备内容
设备	数控车床
刀具	45°车刀、90°车刀、外切槽刀、外三角螺纹刀等
材料	45#钢（$\phi 60\times 65$，$\phi 55\times 65$ 各一段）
量具	游标卡尺、千分尺、螺纹环规、曲线样板等
辅具	垫刀片、对刀样板、常用工具、函数计算器等

2. 操作步骤

（1）椭球螺纹轴的车削训练

参照前面所介绍的零件车削步骤进行车削加工。

（2）椭圆轴的编程与车削训练

依次完成图 4-10 所示椭圆轴的工艺编制、程序编写、车削加工，并在教师的组织下进行测评。

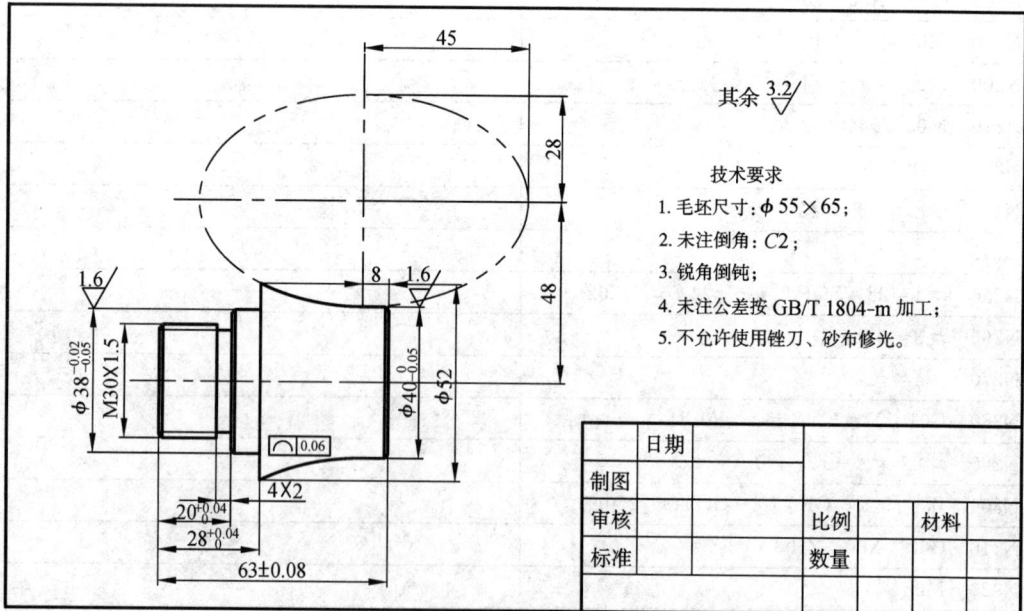

图 4-10　椭圆轴

① 工艺编制(自行绘制表格完成)。

② 程序编写(自行绘制表格完成)。

该零件的精车程序片段见表 4-29,参考此提示,可以进行零件程序的编制。

表 4-29 椭圆轴精车程序片段

程序	注释	步骤
#2=0	数学坐标系中起点的 Z 坐标	坐标计算
N100 #1=28*SQRT[1−#2*#2/2025]	数学坐标系中曲线段每点的 X 坐标	
#3=[96−#1*2]+2*0	编程坐标系中的 X,Z 坐标,此处 X 坐标用中心点减计算值	坐标偏移
#4=#2−8		
G01 X#3 Z#4	直线插补到曲线的每个计算点	直线插补
#2=#2−1	Z(自变量)坐标递减,用以计算曲线的每个点	递减(增)计算
IF [#2 GE −27.84] GOTO 100	对曲线进行终点判断	终点判断

(3) 工件测评

按照图样要求,逐项检测并填写椭圆轴评分表 4-30。

表 4-30 椭圆轴评分表

零件			姓名			成绩				
项目	序号	考核内容和要求		配分	评分标准		学生自测		教师评测	
							自测	得分	检测	得分
工艺	1	工艺编写规范、加工路线设计正确		10	加工路线设计不正确,每处酌情扣 2~5 分					
	2	刀具、切削用量选择正确		10	刀具、切削用量选择不正确,每处酌情扣 2~5 分					
编程	3	程序编写规范、指令应用正确		12	指令应用不正确,每处酌情扣 2~5 分					
外圆	4	$\phi 52$		4	每超差 0.01 扣 2 分;超差 0.03 以上不得分					
	5	$\phi 40_{-0.05}^{0}$		6						
	6	$\phi 38_{-0.05}^{-0.02}$		6						
长度	7	$20_{0}^{+0.04}$		4	每超差 0.02 扣 1 分;超差 0.06 以上不得分					
	8	$28_{0}^{+0.04}$		4						
	9	63 ± 0.08		3						
	10	8		2						

续表

零件				姓名		成绩				
项目	序号	考核内容和要求		配分	评分标准		学生自测		教师评测	
							自测	得分	检测	得分
螺纹 M30	11	大径		3	超差无分					
	12	中径		4	超差 0.01 扣 4 分					
	13	两侧 $Ra3.2$		3	降级无分					
	14	牙形角		2	不符无分					
其他	15	$Ra1.6$		2×2	降级不得分					
	16	$Ra3.2$		5	降级不得分					
	17	倒角 C1		2×3	不合格不得分					
	18	槽 4×2		4	不合格不得分					
	19	曲线度 0.06		8	不合格不得分					
安全文明生产	20	无违章操作		有违章项,每次酌情扣 2～5 分						
	21	无撞刀及其他事故		有事故项,每次酌情扣 5～10 分						
	22	机床清洁保养		未清洁保养酌情扣 10～15 分						
需改进的地方										
教师评语										
学生签名				小组长签名						
日期				教师签名						

任务三   组合件的编程与加工

任务描述

    该任务引导学生学会图 4-11 所示组合件(一)的工艺编写与程序编制,并在教师指导下完成图 4-19 所示组合件(二)的工艺编写、程序编制、数控车削。

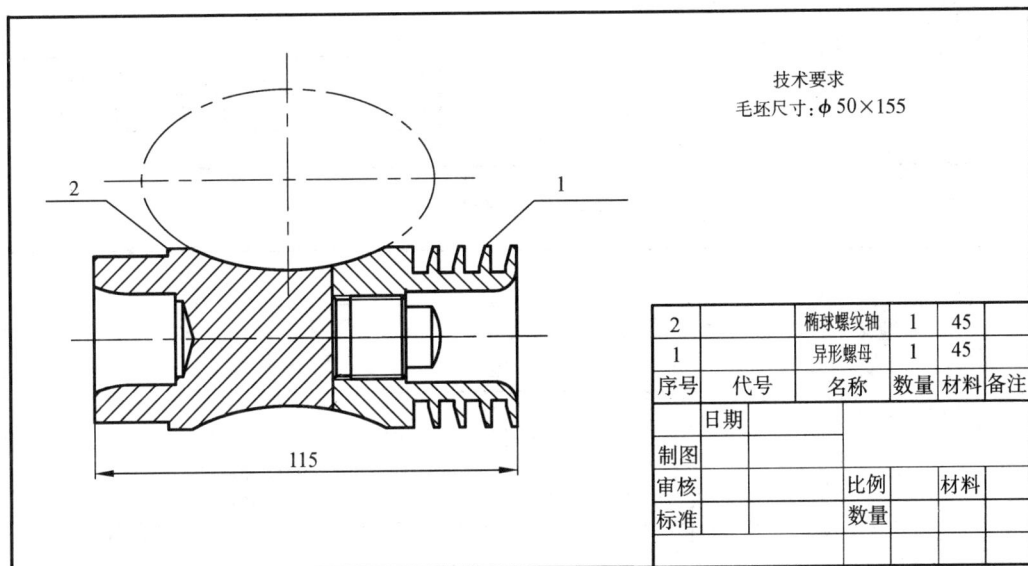

技术要求
毛坯尺寸:φ50×155

115

2		椭球螺纹轴	1	45	
1		异形螺母	1	45	
序号	代号	名称	数量	材料	备注
	日期				
制图					
审核		比例		材料	
标准		数量			

图 4-11   组合件(一)

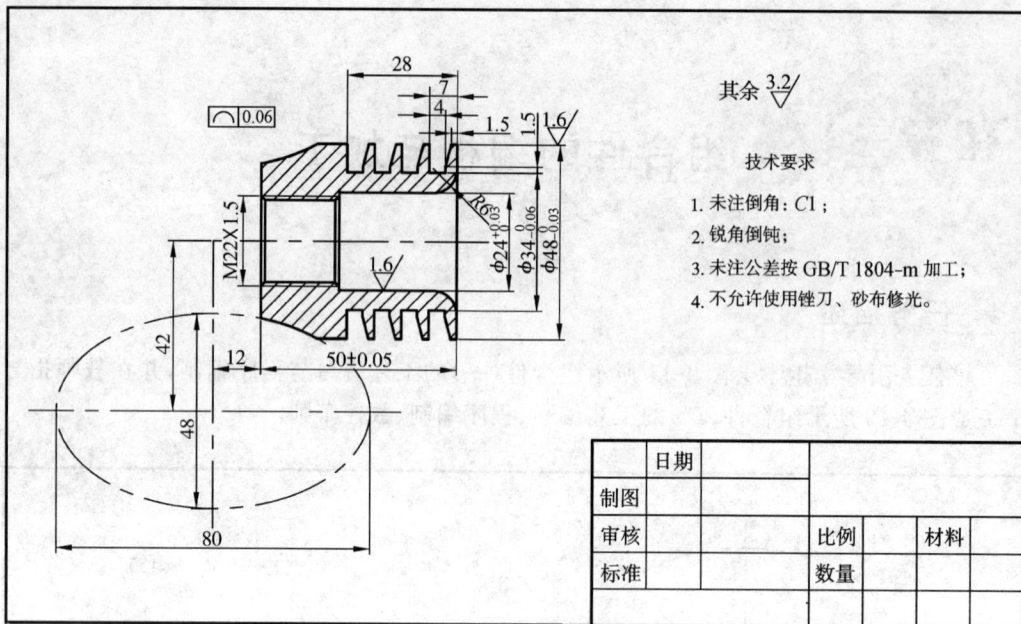

其余 $\sqrt{\dfrac{3.2}{}}$

技术要求

1. 未注倒角: $C1$;
2. 锐角倒钝;
3. 未注公差按 GB/T 1804-m 加工;
4. 不允许使用锉刀、砂布修光。

	日期			
制图				
审核		比例		材料
标准		数量		

图 4-12 异形螺母

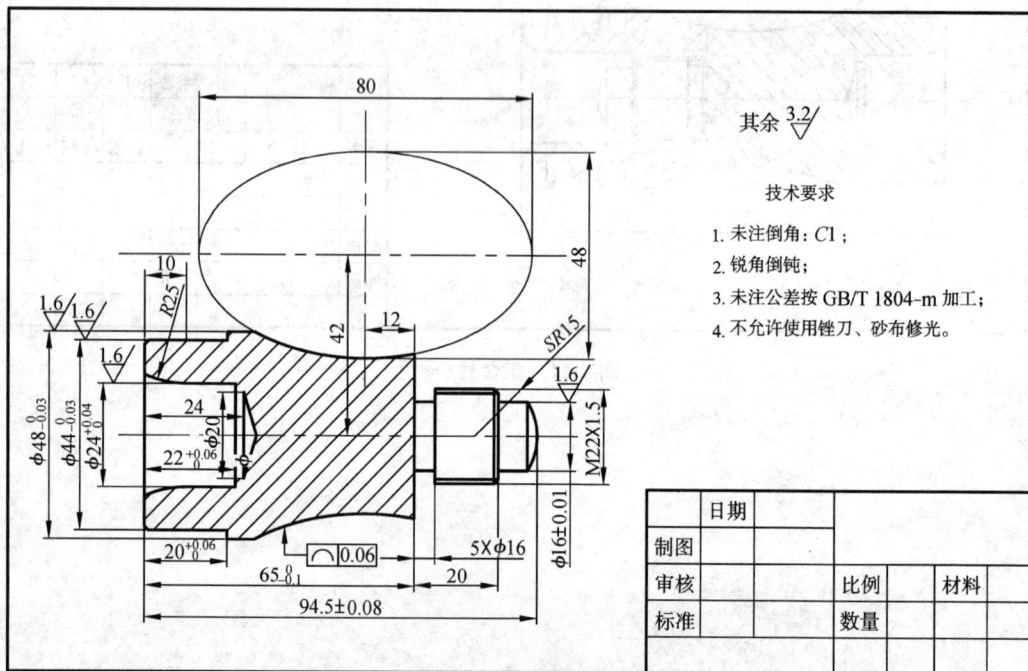

其余 $\sqrt{\dfrac{3.2}{}}$

技术要求

1. 未注倒角: $C1$;
2. 锐角倒钝;
3. 未注公差按 GB/T 1804-m 加工;
4. 不允许使用锉刀、砂布修光。

	日期			
制图				
审核		比例		材料
标准		数量		

图 4-13 椭圆螺纹轴

学习目标

1. 熟悉组合件的数控车削工艺编制方法。
2. 学会曲线交、切点（基点）的计算方法。
3. 巩固程序的编写方法。

知识讲解

1. 组合件的数控车削工艺编制

组合件的数控车削工艺编制需综合考虑材料和车削顺序。该组合件是采用了一段材料进行车削的，车削过程中需要切割分料，考虑到车削的方便，在件一的孔车削完成后进行材料的切割。车削分为四个工序（见表 4-31），工序一车削件一的异形槽和内轮廓，工序二车削件二的左侧外阶台和内轮廓，工序三车削件一的右侧外轮廓（椭球部分粗车成锥度）和内螺纹，工序四车削件一的外轮廓（椭球部分粗车成锥度）和外螺纹，最后将件一和件二组合车削椭球。

表 4-31　组合件一的车削工艺

数控加工工艺表							
单位名称			产品名称或代号		零件名称		零件图号
工序号	程序编号		夹具名称		使用设备		车　间
一	00431，00432						
工步	工步内容	刀具号	刀具名称	主轴转速/(r/min)	进给速度/(mm/r)	背吃刀量/mm	备注
1	装夹毛坯，伸出长度≥60，校正	//	//	//	//	//	//
2	车端面，车平即可	03	45°偏刀	400	0.2	0.5	//
3	粗、精车外圆至尺寸要求	02，01	90°偏刀	400，800	0.2，0.15	1，0.5	//
4	粗、精车异形槽至尺寸要求	04	切断刀	400	0.15	按刀宽	//
5	钻φ18的底孔，深度≥50	//	φ18钻头	400	//	//	//
6	粗、精车内轮廓至尺寸要求	06，05	镗孔刀	300，600	0.15，0.10	0.6，0.3	//
7	去毛刺、检测、切断，切断长度≥51	04	切断刀	400	0.15	按刀宽	//
工序号	程序编号	//	//	//	//	//	//
二	00433，00434	//	//	//	//	//	//

续表

工步	工步内容	刀具号	刀具名称	主轴转速/（r/min）	进给速度/（mm/r）	背吃刀量/mm	备注
1	移出毛坯，伸出长度≥40，校正	//	//	//	//	//	//
2	车端面，车平即可	03	45°偏刀	400	0.2	0.5	//
3	粗、精车外圆至尺寸要求	02，01	90°偏刀	400，800	0.2，0.15	1，0.5	//
4	钻φ20的底孔，保证深度22	//	φ18钻头	400	//	//	//
5	粗、精车内轮廓至尺寸要求	06，05	镗孔刀	300，600	0.15，0.10	0.6，0.3	//
6	去毛刺，检测，下车	//	//	//	//	//	//
工序号	程序编号	//	//	//	//	//	//
三	00435，00436	//	//	//	//	//	//
工步	工步内容	//	//	//	//	//	//
1	装夹件一异形槽处，伸出长度≥18，校正	//	//	//	//	//	//
2	车端面，保证总长	03	45°偏刀	400	0.2	0.5	//
3	粗车外锥度，留椭圆精车余量	02	90°偏刀	400	0.2	1	//
4	粗镗内螺纹孔，留螺纹车削量	06	镗孔刀	300	0.15	0.6	//
5	粗、精车内螺纹至尺寸要求	07	内三角螺纹刀	400	1.5	递减	//
6	去毛刺、检测、下车	//	//	//	//	//	//
工序号	程序编号	//	//	//	//	//	//
四	00437，00438，00439	//	//	//	//	//	//
工步	工步内容	//	//	//	//	//	//
1	装夹件二左侧阶台处，校正	//	//	//	//	//	//
2	车端面，保证总长	03	45°偏刀	400	0.2	0.5	//
3	粗车外轮廓，留精车余量	02	90°偏刀	400	0.2	1	//
4	精车φ16，SR15至尺寸要求	01	90°偏刀	800	0.15	0.5	//
5	粗、精车槽至尺寸要求	04	切断刀	400	0.15	按刀宽	//
6	粗、精车外螺纹至尺寸要求	08	外三角螺纹刀	400	1.5	递减	//
7	检测、去毛刺	//	//	//	//	//	//
8	件一安装在件二上，校正	//	//	//	//	//	//

数控加工工艺表

<table>
<tr><th colspan="7">数控加工工艺表</th></tr>
<tr><th>工步</th><th>工步内容</th><th>刀具号</th><th>刀具名称</th><th>主轴转速/
(r/min)</th><th>进给速度/
(mm/r)</th><th>背吃刀量/
mm</th><th>备注</th></tr>
</table>

工步	工步内容	刀具号	刀具名称	主轴转速/(r/min)	进给速度/(mm/r)	背吃刀量/mm	备注
9	车端面，保证总长	03	45°偏刀	400	0.2	0.5	//
10	半精车、精车椭圆至尺寸要求	01	90°偏刀	800	0.15	0.5	//
11	去毛刺、检测、下车	//	//	//	//	//	//
编制		审核		批准		日期	

2. 基点的计算方法

在数控编程中，经常需要计算轮廓线的交点或切点（基点）坐标，常用的计算方法是：先建立直角三角形，再利用已知条件通过勾股定理或三角函数计算（例如直线与圆交点的计算）。如果不能建立直角三角形，可以通过已知函数式（例如曲线的起点与终点的计算）或利用其他数学手段计算。

（1）直线与圆交点的计算

在图 4-13 所示椭圆螺纹轴中有两处直线与圆的交点需要计算坐标，其计算过程如下。

① 右侧外轮廓直线与圆交点的计算。

首先对零件图进行拆画（见图 4-14）并建立直角三角形。在该三角形中各点的坐标见表 4-32。

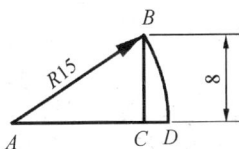

图 4-14　拆画图（一）

表 4-32　拆画图（一）各点坐标

位置	$X/2$ 坐标	Z 坐标
A	0	-15
B	8	未知
C	0	未知
D	0	0

根据车削工艺，需要计算点 B 的坐标，以确定圆弧插补的终点。通过上面的图和表的分析可知点 B 的 X 坐标为已知，所需计算的是点 B 的 Z 坐标，而该坐标和点 C 的 Z 坐标是一样的。

在直角三角形 ABC 中，

$$AC^2 = AB^2 - BC^2 = 15^2 - 8^2 = 161$$
$$AC = 12.69$$
$$CD = 15 - 12.69 = 2.31$$

所以点 C，也即点 B 的 Z 坐标为 -2.31。

② 左侧内轮廓直线与圆交点的计算。

同样先对零件图进行拆画（见图 4-15）并建立直角三角形。在该三角形中各点的坐标见表 4-33。

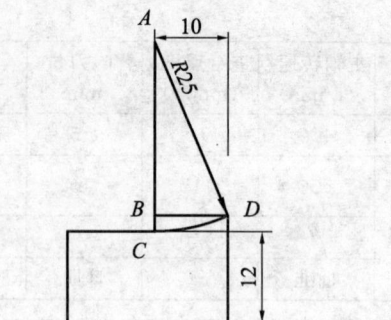

图 4-15　拆画图(二)

表 4-33　拆画图(二)各点坐标

表 4-33　拆画图(二)各点坐标

位置	$X/2$ 坐标	Z 坐标
A	37	-10
B	未知	-10
C	12	-10
D	未知	0

经过分析可知,需要计算的是点 B,也即点 D 的 X 坐标。

在直角三角形 ABD 中,

$$AB^2 = AD^2 - BD^2 = 25^2 - 10^2 = 525$$

$$AB = 22.91$$

$$BC = 25 - 22.91 = 2.09$$

所以点 D,也即点 B 的 X 坐标为 26.18。

(2) 曲线的起点与终点的计算

在图 4-16 所示椭圆螺纹轴中需要计算椭圆的起点与终点坐标,其过程是先对零件图进行拆画,再利用已知条件(见表 4-34)和椭圆方程进行计算。

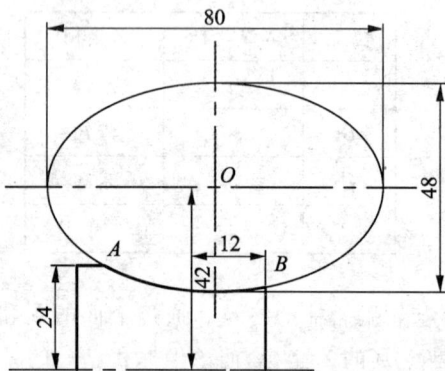

图 4-16　拆画图(三)

表 4-34　拆画图(三)各点坐标

位置	$X/2$ 坐标	Z 坐标	备注
A	18	未知	为相对椭圆中心的坐标
B	未知	12	

首先,写出椭圆的方程:

$$\frac{X^2}{24^2} + \frac{Z^2}{40^2} = 1$$

根据已知的点 A 的 X 值 18,可以进行如下计算:

$$Z = 40 \times \sqrt{1 - \frac{18^2}{24^2}} = 26.46$$

同理,已知的点 B 的 Z 值 12,可以进行如下计算:

$$X = 24 \times \sqrt{1 - \frac{12^2}{40^2}} = 22.89$$

在图 4-16 中可以知道,点 O 在编程坐标系中的坐标为 $(84, -62.5)$,则点 A 为 $(48, -88.96)$,点 B 为 $(45.78, -50.5)$。

同样的计算方法,可以计算出图 4-16 中椭圆的起点坐标为 $(38.21, 0)$,终点坐标为 $(48, -14.46)$。

3. 程序的灵活编写

(1) 多异形槽程序的编写

在任务一中,对多直槽车削子程序的调用是用主程序在各个槽的起点处分别调用进行的(见表 4-9、表 4-10)。

在本任务中如果将子程序运行过程中的终点和下一刀的起点重合,那么就可以在主程序中采用一个程序段多次调用(见表 4-35),请大家自行完善注释部分,以加深理解。

表 4-35 异形槽子程序片段

程序清单(O.****)	注　　释
G0　W−6.9	
G1　U−16　F0.2	
G0　U16	
W1.9	
G1　U−2	
U−11　W−1.5	
U−3	
W−0.5	
U16	
M99	

对于该子程序,在主程序中编写如下语句,即可实现 4 个槽的车削。

...

```
G0    X50    Z0
M98    P004****
G0    X50
Z100
```

...

上述语句段中,004 表示调用 4 次,**** 和子程序名称对应。

(2) 椭圆粗车程序的编写

对于该组合件中出现的两处椭圆,在粗车时可以采用车削锥度的方法进行粗车(见图 4-17、图 4-18),组合后根据留下的余量采用半精车、精车进行车削。这样既降低了编程的难度,又保证了组合后椭圆的精度。

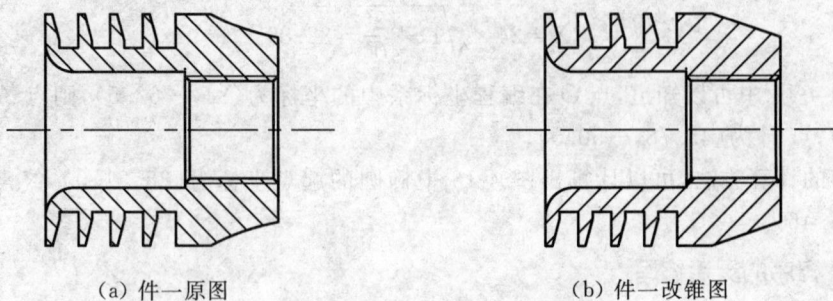

（a）件一原图   （b）件一改锥图

图 4-17   件一椭圆改锥度示意图

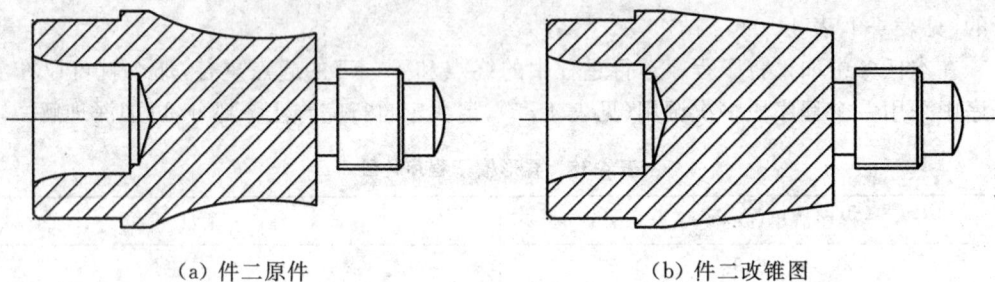

（a）件二原件   （b）件二改锥图

图 4-18   件二椭圆改锥度示意图

任务实施

1. 准备工作

车削组合件的准备事项见表 4-36。

表 4-36   组合件车削准备事项

准备事项	准 备 内 容
设备	数控车床
刀具	45°车刀、90°车刀、外切槽刀、外三角螺纹刀、钻头、镗孔刀、内沟槽刀、内三角螺纹刀等
材料	45＃钢（ϕ55×155，ϕ60×75，ϕ60×65 各一段）
量具	游标卡尺、千分尺、内径量表、螺纹环规、螺纹塞规、曲线样板等
辅具	垫刀片、对刀样板、常用工具、函数计算器等

1. 组合件(一)的车削训练

根据表 4-29 所列车削工艺，参照前面所介绍的零件车削步骤进行车削加工，加工程序自行绘制表格编写。

2. 组合件(二)的编程与车削训练

依次完成图 4-19 所示组合件(二)的工艺编制、程序编写、车削加工，并在教师的组织下进行测评。

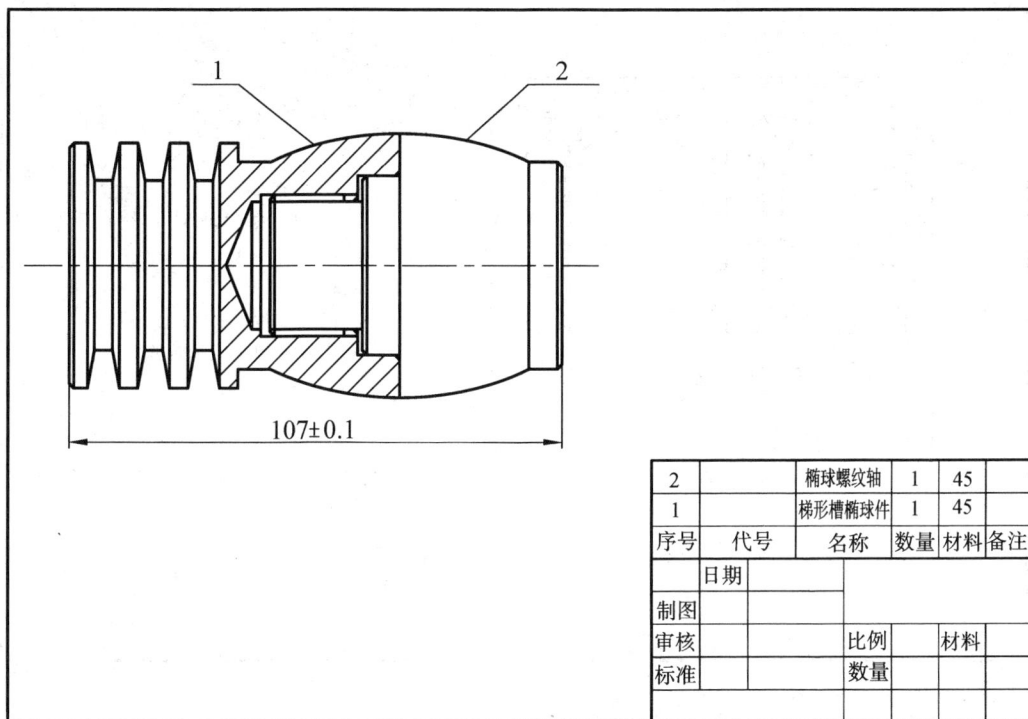

图 4-19　组合件(二)

2		椭球螺纹轴	1	45	
1		梯形槽椭球件	1	45	
序号	代号	名称	数量	材料	备注
	日期				
制图					
审核		比例		材料	
标准		数量			

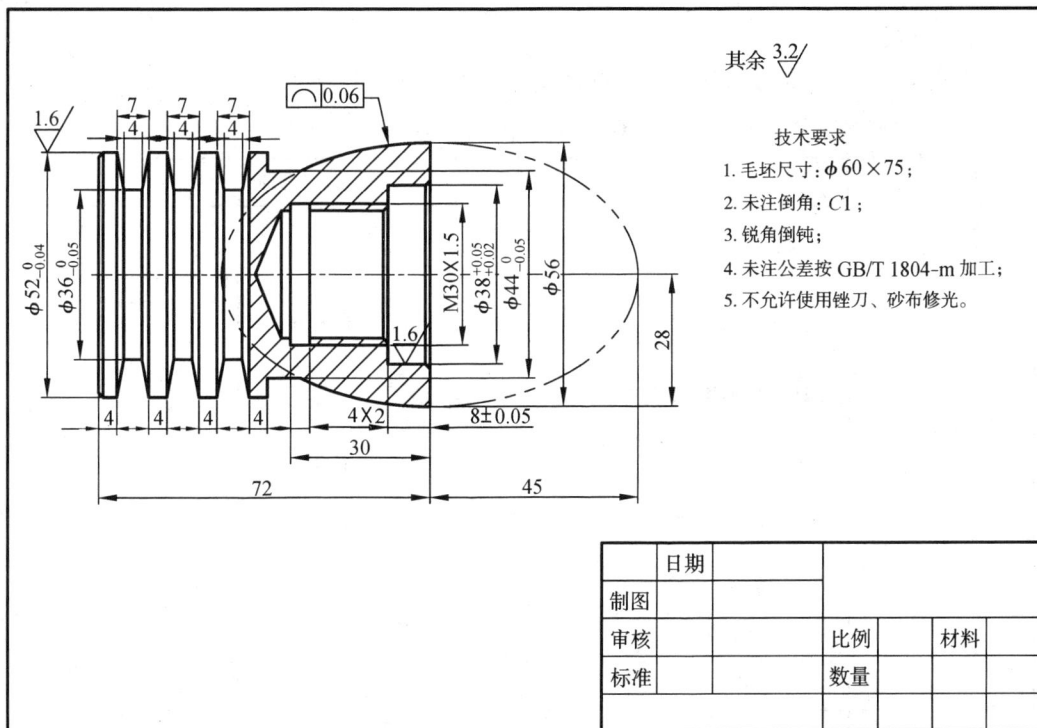

其余 3.2

技术要求

1. 毛坯尺寸：$\phi 60 \times 75$；
2. 未注倒角：$C1$；
3. 锐角倒钝；
4. 未注公差按 GB/T 1804-m 加工；
5. 不允许使用锉刀、砂布修光。

	日期				
制图					
审核		比例		材料	
标准		数量			

图 4-20　梯形槽椭球件

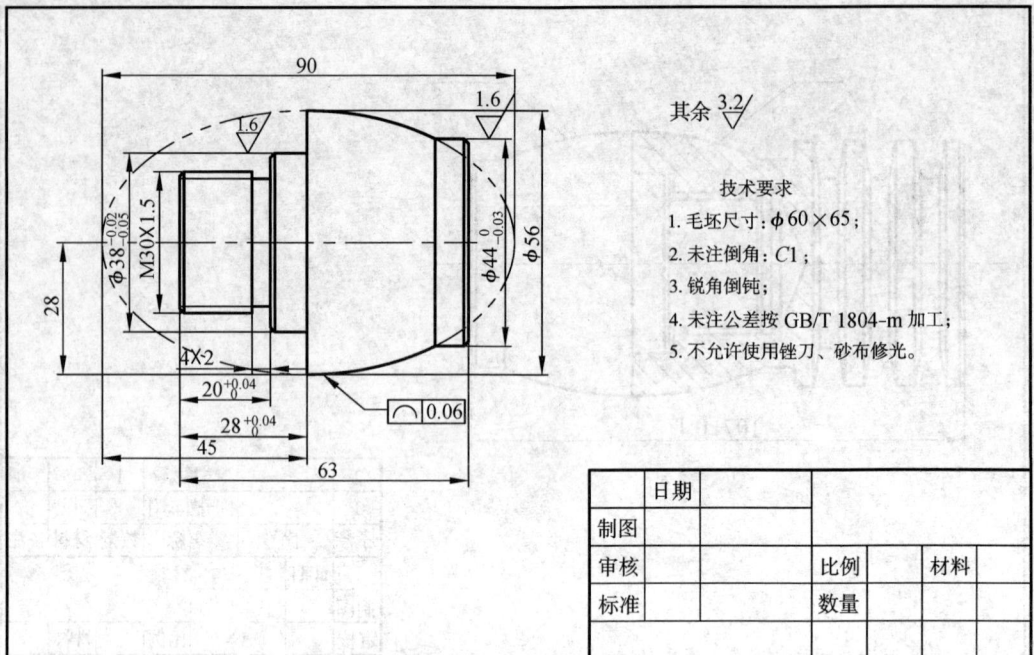

技术要求

1. 毛坯尺寸：$\phi 60 \times 65$；

2. 未注倒角：$C1$；

3. 锐角倒钝；

4. 未注公差按 GB/T 1804-m 加工；

5. 不允许使用锉刀、砂布修光。

图 4-21　椭球螺纹轴

① 工艺编制（自行绘制表格完成）。

② 程序编写（自行绘制表格完成）。

③ 工件测评。

按照图样要求，逐项检测并填写组合件（二）评分表 4-37。

表 4-37　组合件（二）评分表

零件			姓名			成绩		
项目	序号	考核内容和要求	配分	评分标准	学生自测		教师评测	
					自测	得分	检测	得分
工艺	1	工艺编写规范、加工路线设计正确	4	加工路线设计不正确，每处酌情扣 1~2 分				
	2	刀具、切削用量选择正确	3	刀具、切削用量选择不正确，每处酌情扣 1~2 分				
编程	3	程序编写规范、指令应用正确	4	指令应用不正确，每处酌情扣 1~2 分				
件一	外圆	4	$\phi 52_{-0.04}^{0}$	4	每超差 0.01 扣 2 分；超差 0.03 以上不得分				
		5	$\phi 44_{-0.05}^{0}$	4					
		6	$\phi 36_{-0.05}^{0}$	4					
		7	$\phi 56$	2					
	内孔	8	$\phi 38_{+0.02}^{+0.05}$	4					

零件			姓名			成绩			
项目		序号	考核内容和要求	配分	评分标准	学生自测		教师评测	
						自测	得分	检测	得分
件一	长度	9	8 ± 0.05	3	每超差 0.02 扣 1 分；超差 0.06 以上不得分				
		10	30	1					
		11	72	1					
		12	7	1×3					
		13	4	1×7					
	螺纹 M30	14	中径	3	超差 0.01 扣 4 分				
		15	两侧 $Ra3.2$	2	降级无分				
	其他	16	$Ra1.6$	1×2	降级不得分				
		17	$Ra3.2$	2	降级不得分				
		18	倒角 $C1$	1×2	不合格不得分				
		19	槽 4×2	2	不合格不得分				
		20	曲线度 0.06	1	不合格不得分				
件二	外圆	21	$\phi44_{-0.03}^{0}$	4	每超差 0.01 扣 2 分；超差 0.03 以上不得分				
		22	$\phi38_{-0.05}^{-0.02}$	4					
		23	$\phi56$	2					
	长度	24	$20_{0}^{+0.04}$	3	每超差 0.02 扣 1 分；超差 0.06 以上不得分				
		25	$28_{0}^{+0.04}$	3					
		26	63	1					
	螺纹 M30	27	大径	2	超差无分				
		28	中径	3	超差 0.01 扣 4 分				
		29	两侧 $Ra3.2$	2	降级无分				
		30	牙形角	1	不符无分				
	其他	31	$Ra1.6$	1×2	降级不得分				
		32	$Ra3.2$	2	降级不得分				
		33	倒角 $C1$	1×2	不合格不得分				
		34	槽 4×2	2	不合格不得分				
		35	曲线度 0.06	1	不合格不得分				
组合	长度	36	107 ± 0.1	4	不合格不得分				
	过渡	37	平滑	4	不合格不得分				

零件				姓名		成绩			
项目	序号	考核内容和要求	配分	评分标准		学生自测		教师评测	
						自测	得分	检测	得分
安全文明生产	38	无违章操作		有违章项,每次酌情扣 2～5 分					
	39	无撞刀及其他事故		有事故项,每次酌情扣 5～10 分					
	40	机床清洁保养		未清洁保养酌情扣 10～15 分					
需改进的地方									
教师评语									
学生签名				小组长签名					
日期				教师签名					

知识链接——梯形螺纹的编程与加工

1. 梯形螺纹分析

图 4-22 所示短丝杠的梯形螺纹部分参数见表 4-38。

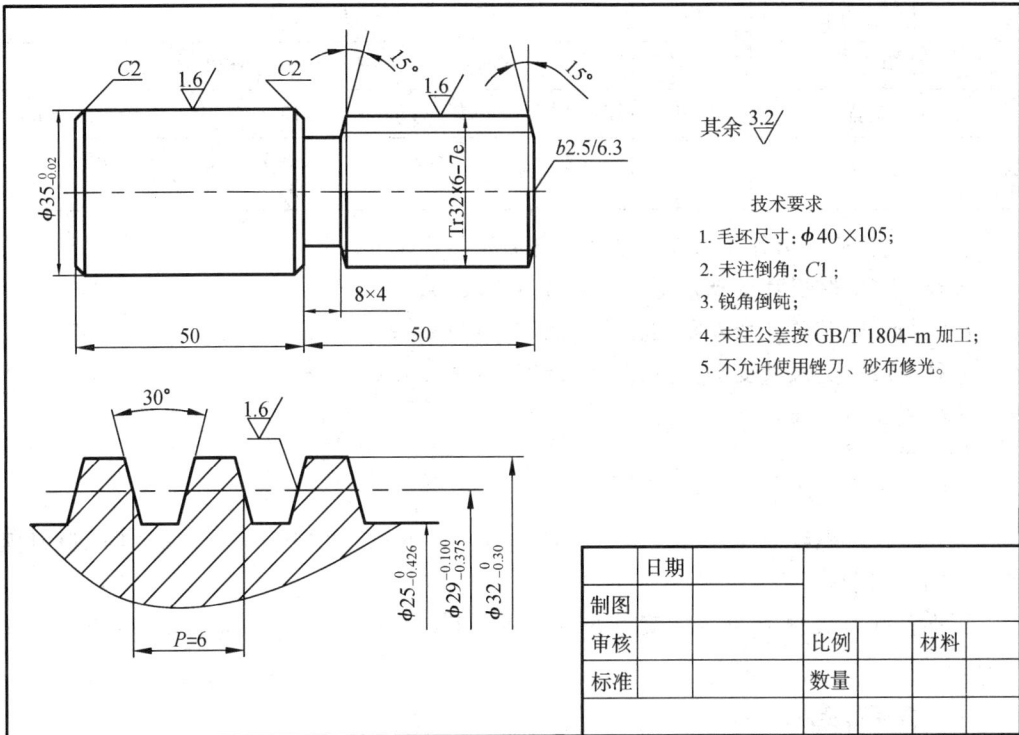

图 4-22　短丝杠

表 4-38　梯形螺纹各部分名称及尺寸计算

名称		代号	计算公式			
牙型角		α	$\alpha = 30°$			
螺距		P	由螺纹标准确定			
牙顶间隙		a_c	P	1.5	2～5	6～12	14～44
			a_c	0.15	0.25	0.5	1
外螺纹	大径	d	公称直径 $d = 32$ mm			
	中径	d_2	$d_2 = d - 0.5P = 32 - 0.5 \times 6 = 29$ mm			
	小径	d_3	$d_3 = d - 2h_3 = 32 - 2 \times 3.5 = 25$ mm			
	牙高	h_3	$h_3 = 0.5P + a_c = 0.5 \times 6 + 0.5 = 3.5$ mm			

续表

名称		代号	计算公式
内螺纹 *	大径	D_4	$D_4 = d + 2a_c$
	中径	D_2	$D_2 = d_2$
	小径	D_1	$D_1 = d - P$
	牙高	H_4	$H_4 = h_3$
牙顶宽		f, f'	$f = f' = 0.366P = 0.366 \times 6 = 2.196 \text{ mm}$
牙槽底宽		W, W'	$W = W' = 0.366P - 0.536a_c = 2.196 - 0.536 \times 0.5 = 1.928 \text{ mm}$
螺旋升角		ψ	$\tan\psi = \dfrac{L}{\pi d_2} = \dfrac{nP}{\pi d_2} = \dfrac{1 \times 6}{3.14 \times 29} \Rightarrow \psi = 3°46'11''$

由图、表分析得出外梯形螺纹和加工有关的参数如下。

大径：$\phi 32$，其尺寸变动范围在 $\phi 31.7 \sim \phi 32.0$。

小径：$\phi 25$，其尺寸变动范围在 $\phi 24.576 \sim \phi 25.0$。

中径：$\phi 29$，其尺寸变动范围在 $\phi 28.625 \sim \phi 28.9$。

牙槽底宽：1.928。

牙型角：30°。

螺旋升角：3°46′11″。

在车削梯形螺纹前需先将外圆车削到 $\phi 31.7 \sim \phi 32.0$ 之间，并切好 8×4 的退刀槽和前后的 15°倒角。

再准备好刀尖角为 30°，螺旋升角为 3°46′11″，刀头宽小于 1.928 mm 的梯形螺纹车刀。

2. 编程方法

梯形螺纹的编程方法有两种：G76 编程和左右切削法编程。

方法一：采用 G76 编程，程序片段如下：

```
...
G00    X32    Z5
G76    P020030    Q50    R0.1
G76    X2500    Z-45000    R0    P3500    Q500    F6
...
```

此方法不易实现左右切削，会造成牙侧不光滑，同时牙底宽度受刀头宽度影响，不太容易保证。

方法二：粗车时灵活运用增量坐标实现左右切削，用宏变量控制切削深度；精车时根据检测情况适当修补刀具补偿值进行修光。例如，选用刀头宽为 1.5 mm 的梯形螺纹车刀车削该梯形螺纹的粗车、精车程序片段见表 4-39。

表 4-39 梯形螺纹粗车用程序片段

程序清单	注　释
N10　M03　S500　G99	
N20　T0303	
N30　G00　X50　Z100	
N40　#1＝32	给变量赋初始值
N50　G00　X32　Z10	切削起点
N60　G92　X#1　Z—45　F6	车梯形螺纹左侧
N70　#1＝#1—0.5	进刀
N80　IF　[#1　LE　25]　GOTO　130	判断是否车削到牙底
N90　G00　W0.4	向右借刀
N100　G92　X#1　Z—45　F6	车梯形螺纹右侧
N110　#1＝#1—0.5	进刀
N120　IF　[#1　GE　25]　GOTO　50	判断是否车削到牙底
N130　G00　X32　Z10	回到切削起点
N140　M05	
N150　M00	
N160　M03　S500	
N170　T0303	该处的刀具补偿修调和起点的实际位置,需根据中径检测结果和左右牙侧的情况来进行修整
N180　G00　X32　Z10	
N190　G92　X25　Z—45　F6	
N200　G00　X50　Z100	
N210　M05	
N220　M30	

3. 加工与检测

　　该零件加工步骤和其他零件相同,可参照前面的加工步骤进行,其中径的检测常采用三针或单针测量。

　　(1)三针测量法测量外螺纹中径

　　三针测量法是一种比较精密的测量方法,测量时所用的三根圆柱量针由量具厂专门制造,也可用三根直径相等的优质钢丝或钻头柄代替。

　　测量方法:测量时把三根直径相等的量针放置在螺纹相对应的螺旋槽中,用齿厚千分尺量出两边量针顶点间的径向距离 M,如图 4-23 所示。图中 $M = d_2 + 4.864d_D - 1.866P$,$M$ 为两边量针顶点间的径向距离,d_2 为螺纹中径,d_D 为量针直径,P 为螺距。

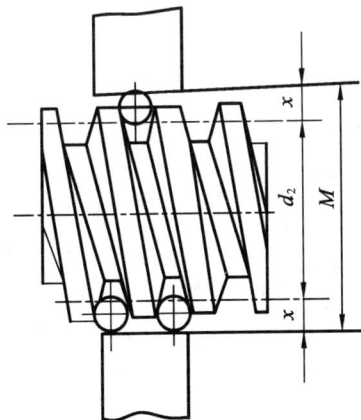

图 4-23　用三针测量外螺纹中径

例如,选取量针直径为 3.1,则

$$
\begin{aligned}
M &= d_2 + 4.864d_D - 1.866P \\
&= 29 + 4.864 \times 3.1 - 1.866 \times 6 \\
&= 29 + 15.08 - 11.20 \\
&= 32.88 \text{ mm}
\end{aligned}
$$

考虑其中径变动范围,M 的取值范围是 32.505～32.780 mm。

(2) 单针测量法

这种方法的特点是只需用一根量针,放置在螺旋槽中,用千分尺量出螺纹大径与量针顶点之间的径向距离 A(见图 4-24),适用于精度要求不太高的场合。图中 $A = \dfrac{M+d_0}{2}$,其中,A 为螺纹大径与量针顶点之间的径向距离,M 为两边量针顶点间的径向距离,d_0 为工件实际大径。

例如,取工件实际大径 31.80,则

$$
A = \frac{M+d_0}{2} = \frac{32.88+31.80}{2} = 32.34 \text{ mm}
$$

考虑其中径变动范围,A 的取值范围是 31.975～32.240 mm。

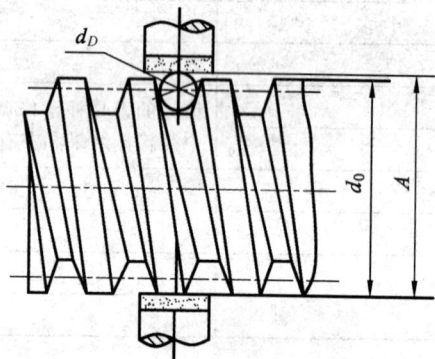

图 4-24　用单针测量外螺纹中径

附　　录

附录一

FANUC 系统 G 指令表

G 指令			组	功　能	备　注
A	B	C			
G00	G00	G00	01	定位（快速）	默认状态、模态
G01	G01	G01		直线插补（切削进给）	模态
G02	G02	G02		顺时针圆弧或顺时针螺旋插补	模态
G03	G03	G03		逆时针圆弧或逆时针螺旋插补	模态
G04	G04	G04	00	暂停	非模态
G07.1(G107)	G07.1(G107)	G07.1(G107)		圆柱插补	
G08	G08	G08		前瞻插补	
G10	G10	G10		可编程序输入	
G11	G11	G11		可编程序输入注销	
G12.1(G112)	G12.1(G112)	G12.1(G112)	21	极坐标插补方式	
G13.1(G113)	G13.1(G113)	G13.1(G113)		极坐标插补注销方式	默认状态
G17	G17	G17	16	XY 平面选择	模态
G18	G18	G18		ZX 平面选择	默认状态、模态
G19	G19	G19		YZ 平面选择	模态
G20	G20	G70	06	英寸输入	模态
G21	G21	G71		毫米输入	模态
G22	G22	G22	09	存储行程检查接通	默认状态
G23	G23	G23		存储行程检查断开	
G25	G25	G25	08	主轴速度波动检测断开	默认状态
G26	G26	G26		主轴速度波动检测接通	
G27	G27	G27	00	参考位置返回检查	非模态
G28	G28	G28		返回参考位置	非模态
G30	G30	G30		第二、第三和第四参考位置返回	非模态
G31	G31	G31		跳转功能	非模态
G32	G33	G33	01	螺纹切削	模态
G34	G34	G34		变螺距螺纹切削	模态

G 指令			组	功　能	备　注
A	B	C			
G36	G36	G36	00	自动刀具补偿 X	
G37	G37	G37		自动刀具补偿 Z	
G40	G40	G40	07	刀尖半径补偿注销	默认状态、模态
G41	G41	G41		刀尖半径补偿左	模态
G42	G42	G42		刀尖半径补偿右	模态
G50	G92	G92	00	坐标系设定或最大主轴转速钳制	
G50.3	G92.1	G92.1		工件坐标系预置	
G50.2(G250)	G50.2(G250)	G50.2(G250)	20	多边形车削注销	默认状态
G51.2(G251)	G51.2(G251)	G51.2(G251)		多边形车削	
G52	G52	G52	00	局部坐标系设定	
G53	G53	G53		机床坐标系设定	
G54	G54	G54	14	工件坐标系选择 1	默认状态
G55	G55	G55		工件坐标系选择 2	
G56	G56	G56		工件坐标系选择 3	
G57	G57	G57		工件坐标系选择 4	
G58	G58	G58		工件坐标系选择 5	
G59	G59	G59		工件坐标系选择 6	
G65	G65	G65	00	宏调用	非模态
G66	G66	G66	12	模态宏调用	
G67	G67	G67		模态宏调用注销	默认状态
G68	G68	G68	04	对置刀架镜像接通	
G69	G69	G69		对置刀架镜像断开	默认状态
G70	G70	G72	00	精加工循环	非模态
G71	G71	G73		车削中刀架移动	非模态
G72	G72	G74		端面加工中刀架移动	非模态
G73	G73	G75		图形重复	非模态
G74	G74	G76		端面深孔钻	非模态
G75	G75	G77		外径/内径钻	非模态
G76	G76	G78		多头螺纹循环	非模态

续表

G 指令			组	功　能	备　注
A	B	C			
G90	G77	G20	01	外径/内径切削循环	模态
G92	G78	G21		螺纹切削循环	模态
G94	G79	G24		端面车循环	模态
G96	G96	G96	02	恒表面速度控制	模态
G97	G97	G97		恒表面速度控制注销	默认状态、模态
G98	G94	G94	05	每分进给	模态
G99	G95	G95		每转进给	默认状态、模态
—	G90	G90	03	绝对值编程	默认状态、模态
—	G91	G91		增量值编程	模态
—	G98	G98	11	返回到起始点	模态
—	G99	G99		返回到 R 点	模态

说明：

（1）FANUC 有三种代码系统：A，B，C，一般情况下使用系统 A。

（2）指令代码被分为若干组，同一程序段中可以出现不同组的指令代码；当一个程序段中出现相同组别的指令代码时，最后出现的有效。

（3）"默认状态"即为机床开机时的指令状态。

（4）"非模态"指令只在本程序段有效；"模态"指令具有自保持功能，即能够一直保持到程序中出现同组其他指令。

（5）指令状态与系统参数设置有关，使用时需谨慎。

附录二

标准公差表(GB1800-79)

基本尺寸		公 差 值														
		IT4	IT5	IT6	IT7	IT8	IT9	IT10	IT11	IT12	IT13	IT14	IT15	IT16	IT17	IT18
大于	到				μm									mm		
—	3	3	4	6	10	14	25	40	60	0.10	0.14	0.25	0.40	0.60	1.0	1.4
3	6	4	5	8	12	18	30	48	75	0.12	0.18	0.30	0.48	0.75	1.2	1.8
6	10	4	6	9	15	22	36	58	90	0.15	0.22	0.36	0.58	0.90	1.5	2.2
10	18	5	8	11	18	27	43	70	110	0.18	0.27	0.43	0.70	1.10	1.8	2.7
18	30	6	9	13	21	33	52	84	130	0.21	0.33	0.52	0.84	1.30	2.1	3.3
30	50	7	11	16	25	39	62	100	160	0.25	0.39	0.62	1.00	1.60	2.5	3.9
50	80	8	13	19	30	46	74	120	190	0.30	0.46	0.74	1.20	1.90	3.0	4.6
80	120	10	15	22	35	54	87	140	220	0.35	0.54	0.87	1.40	2.20	3.5	5.4
120	180	12	18	25	40	63	100	160	250	0.40	0.63	1.00	1.60	2.50	4.0	6.3
180	250	14	20	29	46	72	115	185	290	0.46	0.72	1.15	1.85	2.90	4.6	7.2
250	315	16	23	32	52	81	130	210	320	0.52	0.81	1.30	2.10	3.20	5.2	8.1
315	400	18	25	36	57	89	140	230	360	0.57	0.89	1.40	2.30	3.60	5.7	8.9
400	500	20	27	40	63	97	155	250	400	0.63	0.97	1.55	2.50	4.00	6.3	9.7

说明:基本尺寸小于 1 mm 时,无 IT14 至 IT18。

附录三

线性尺寸未注公差的公差表(GB 1800—2000)

根据国际标准,以下表为线性尺寸未注公差的公差表。

这个未注公差适用于金属切削加工的尺寸,也适用于一般的冲压加工尺寸。这些极限偏差适用于线性尺寸,如外尺寸、内尺寸、阶梯尺寸、直径、半径、距离、倒圆半径和倒角高度;角度尺寸,包括通常不标出角度值的角度尺寸,如直角(90°);机加工组装件的线性和角度尺寸。

这些极限偏差不适用于已有其他一般公差标准规定的线性和角度尺寸,括号内的参考尺寸,矩形框格内的理论正确尺寸。

表 1　线性尺寸的极限偏差数值

公差等级	尺寸分段							
	0.5～3	>3～6	>6～30	>30～120	>120～400	>400～1 000	>1 000～2 000	>2 000～4 000
f(精密级)	±0.05	±0.05	±0.1	±0.15	±0.2	±0.3	±0.5	—
m(中等级)	±0.1	±0.1	±0.2	±0.3	±0.5	±0.8	±1.2	±2
c(粗糙级)	±0.2	±0.3	±0.5	±0.8	±1.2	±2	±3	±4
v(最粗级)	—	±0.5	±1	±1.5	±2.5	±4	±6	±8

表 2　倒圆半径与倒角高度尺寸的极限偏差数值

公差等级	尺寸分段			
	0.5～3	>3～6	>6～30	>30
f(精密级)	±0.2	±0.5	±1	±2
m(中等级)				
c(粗糙级)	±0.4	±1	±2	±4
v(最粗级)				

表 3　角度尺寸的极限偏差数值

公差等级	长度分段				
	≤10	>10～50	>50～120	>120～400	>400
f(精密极)	±1°	±30′	±20′	±10′	±5′
m(中等级)					
c(粗糙级)	±1°30′	±1°	±30′	±15′	±10′
v(最粗级)	±3°	±2	±1°	±30′	±20ʹ

角度尺寸的长度按角度的短边长度确定,对于圆锥角按圆锥素线长度确定。

参考文献

［1］徐冬元.数控机床操作与维护技术基础——操作训练［M］.北京：高等教育出版社，2012.

［2］戴三法，王吉连，数控车削编程与加工［M］.北京：中国劳动社会保障出版社，2012.

［3］张绪祥，王军.机械制造工艺［M］.北京：高等教育出版社，2007.

［4］韩鸿鸾，数控加工工艺学［M］.北京：中国劳动社会保障出版社，2012.

［5］金忠.数控车床实训指导［M］武汉：华东师范大学出版社，2006.